Schriftenreihe aus dem Institut für Strömungsmechanik

Herausgeber
J. Fröhlich, S. Odenbach, K. Vogeler

Institut für Strömungsmechanik
Technische Universität Dresden
D-01062 Dresden

Band 7

Martin Lange

Strömungsmechanische Untersuchungen an Axialverdichter-Statoren mit und ohne Deckband bei großen Spaltweiten

TUD*press*
2014

Die vorliegende Arbeit wurde am 28. Februar 2013 an der Fakultät Maschinenwesen der Technischen Universität Dresden als Dissertation eingereicht und am 15. November 2013 erfolgreich verteidigt.

This work was submitted as a PhD thesis to the Faculty of Mechanical Science and Engineering of TU Dresden on 28 February 2013 and successfully defended on 15 November 2013.

Gutachter | Reviewers
Prof. Dr.-Ing. Konrad Vogeler, TU Dresden
Prof. Dr.-Ing. Reinhard Niehuis, Universität der Bundeswehr München

Bibliografische Information der Deutschen Nationalbibliothek
Die Deutsche Nationalbibliothek verzeichnet diese Publikation in der Deutschen Nationalbibliografie; detaillierte bibliografische Daten sind im Internet über http://dnb.d-nb.de abrufbar.

Bibliographic information published by the Deutsche Nationalbibliothek
The Deutsche Nationalbibliothek lists this publication in the Deutsche Nationalbibliografie; detailed bibliographic data are available in the Internet at http://dnb.d-nb.de.

ISBN 978-3-944331-44-7

Verlag der Wissenschaften GmbH
Bergstr. 70 | D-01069 Dresden
Tel.: 0351/47 96 97 20 | Fax: 0351/47 96 08 19
http://www.tudpress.de

Gesetzt vom Autor. | Typeset by the author.
Printed in Germany.

Strömungsmechanische Untersuchungen an Axialverdichter-Statoren mit und ohne Deckband bei großen Spaltweiten

Der Fakultät Maschinenwesen
der
Technischen Universität Dresden
zur
Erlangung des akademischen Grades
Doktor-Ingenieur (Dr.-Ing.)
vorgelegte Dissertation

Dipl.-Ing. Johannes Martin Lange

1. Gutachter:	Prof. Dr.-Ing. Konrad Vogeler
2. Gutachter:	Prof. Dr.-Ing. Reinhard Niehuis

Tag der Einreichung:	28.02.2013
Tag der Verteidigung:	15.11.2013

Vorwort

Die vorliegende Arbeit entstand während meiner Tätigkeit als wissenschaftlicher Mitarbeiter am Institut für Strömungsmechanik der Technischen Universität Dresden.

Herzlich bedanken möchte ich mich bei Herrn Prof. Dr.-Ing. Konrad Vogeler für die Möglichkeit an seinem Lehrstuhl das Thema zu bearbeiten, die Betreuung und schließlich die Begutachtung dieser Arbeit. Für die Übernahme des Gutachtens möchte ich mich bei Herrn Prof. Dr.-Ing. Reinhard Niehuis (Universität der Bundeswehr München) bedanken.

Die freundschaftliche Atmosphäre und kollegiale Unterstützung meiner Kollegen an der Professur für Turbomaschinen und Strahlantriebe hat wesentlich zum Gelingen der Arbeit beigetragen, für diese gute Zusammenarbeit möchte ich mich bedanken. Ein besonderer Dank gilt Herrn Dr. sc. techn. Helmut Sauer, der aus dem "Un"Ruhestand heraus immer wieder gern für Diskussionen bereitstand und mit seinen Kommentaren und Anregungen zur Verbesserung der Arbeit beitrug. In gleicher Weise bedanke ich mich herzlich bei Prof. Dr.-Ing. habil. Ronald Mailach (Ruhr-Universität Bochum), der nicht nur während seiner Arbeit am Lehrstuhl das Projekt maßgeblich begleitete, sondern auch nach seinem Ruf noch für die Diskussion der Ergebnisse offen war.

Die experimentellen Untersuchungen wurden im Rahmen des Verbundvorhabens COORETEC-turbo der AG Turbo durchgeführt und mit Mitteln des Bundesministeriums für Wirtschaft und Technologie (BMWi) aufgrund eines Beschlusses des Deutschen Bundestages unter den Förderkennzeichen 0327716T gefördert. Ich danke der AG Turbo und den Industriepartnern MAN Diesel & Turbo, MTU Aero Engines, Rolls-Royce sowie Siemens AG für die Unterstützung und die Erlaubnis zur Veröffentlichung. Ein besonderer Dank gilt an dieser Stelle Herrn Sergio Elorza-Gomez (MTU Aero Engines) für die enge und gute Zusammenarbeit bei der Untersuchung der von ihm ausgelegten Beschaufelung.

Ganz herzlich danke ich meiner lieben Frau Manuela für die Unterstützung und Motivation, ihre Geduld und das eine oder andere Komma an der richtigen Stelle. Meinen Eltern danke ich für die kontinuierliche Begleitung und Unterstützung.

Inhaltsverzeichnis

Symbolverzeichnis 7

Einleitung 11

1 Grundlagen der Strömung im Seitenwandbereich von Statoren / Stand des Wissens 13

1.1 Sekundärströmung an Statoren . . . 13
1.2 Historische Entwicklung der Untersuchung von Statoren mit und ohne Deckband in Axialverdichtern . . . 16
1.3 Reduzierung von Verlusten durch dreidimensionales Schaufeldesign . . . 23
1.4 Zielstellung der aktuellen Untersuchung . . . 27

2 Niedergeschwindigkeitsverdichter und Messtechnik 29

2.1 Allgemeiner Aufbau des Niedergeschwindigkeitsverdichters . . . 29
2.2 Messtechnik am Niedergeschwindigkeitsverdichter . . . 30
2.3 Auswertungsmethoden und Analyse der Messergebnisse . . . 31
2.3.1 Normierung der Messwerte . . . 32
2.3.2 Kennfeld . . . 33
2.3.3 Strömungsfeldmessung an der Stufe . . . 33
2.3.4 Druckverteilungen . . . 35
2.3.5 Betrachtung der Messgenauigkeit . . . 35
2.4 Experimentell untersuchte Aufbauten . . . 36
2.4.1 Referenz-Statoren ohne Deckband - Aufbau 16 . . . 37
2.4.2 Referenz-Statoren mit Deckband - Aufbau 17 . . . 37
2.4.3 Neuauslegung für Statoren mit großen Radialspalten - Aufbau 20 . . . 38

3 Numerische Untersuchungen 41

3.1 Numerisches Modell . . . 41
3.2 Simulationsmodell . . . 44
3.2.1 Vernetzung des Verdichters für den Referenzfall . . . 44
3.2.2 Modellierung unterschiedlicher Radialspaltweiten . . . 47
3.2.3 Modellierung der Deckbandkavität . . . 48
3.2.4 Einfluss der Turbulenzmodellierung auf die Strömung an Statoren mit und ohne Deckband . . . 48
3.2.5 Simulationen mit Non-Linear-Harmonic-Method . . . 51

4 Statoren mit und ohne Deckband 53

4.1 Globales Betriebsverhalten des Verdichters für Referenzmessungen an Statoren mit und ohne Deckband . . . 53
4.1.1 Drehzahllinie des Verdichters bei Radialspaltvariation über Stator 3 und 4 . . . 53

4.1.2 Drehzahllinie des Verdichters bei Deckbandspaltvariation im Stator 3 54
4.1.3 Globale Ergebnisse der CFD-Simulation für Statoren mit und ohne Deckband . 55
4.2 Strömungsfeldmessungen für Statoren mit und ohne Deckband 58
4.2.1 Zuströmung zum dritten Stator 58
4.2.2 Vergleich der Strömung am dritten Stator mit und ohne Deckband 60
4.2.3 Auswirkung des Designs des dritten Stators auf Rotor 4 76
4.3 Bewertung der Ergebnisse für Statoren mit und ohne Deckband 82

5 Statoren ohne Deckband mit verringerter Sensitivität gegenüber großen Radialspaltweiten 85
5.1 Auslegung eines Stators ohne Deckband für große Radialspaltweiten 85
5.2 Globales Betriebsverhalten des Verdichters für neuausgelegte Statoren ohne Deckband 90
5.3 Strömungsfeldmessungen am neuausgelegten Stator mit großem Radialspalt 92
5.3.1 Zuströmung zum dritten Stator 92
5.3.2 Strömung am dritten Stator bei Radialspaltvariation 92
5.3.3 Auswirkung der Radialspaltvariation am dritten Stator auf Rotor 4 104
5.4 Bewertung der neuen Auslegung für Statoren mit großem Radialspalt 109

6 Zusammenfassung 111

A Anhang 113
A.1 Eigenschaften des CFD-Netzes 114
A.2 CFD-Netze für Stator 3 mit Deckband 118
A.3 Einfluss des Fillets am dritten Stator mit Deckband 120

Literaturverzeichnis 125

Symbolverzeichnis

Lateinische Buchstaben

A	[m^2]	Fläche
c	[m/s]	Absolutgeschwindigkeit
C_{b2}	[−]	Konstante der Transportgleichung der Wirbelviskosität
$c_{p,Stator}$	[−]	normierter statischer Wanddruck auf dem Stator
c_p	[−]	normierter Totaldruck
d	[m]	Durchmesser
D	[−]	Diffusionszahl nach Lieblein
f,F	[N]	Kraft
h	[m^2/s^2]	Enthalpie
H_{12}	[−]	Formfaktor der Grenzschicht
i	[°]	Inzidenz, geometrisch; $i = \alpha_{Metall} - \alpha$ bzw. $i = \beta_{Metall} - \beta$
k	[m^2/s^2]	turbulente kinetische Energie
l	[m]	Sehnenlänge
M	[Nm]	Drehmoment
$\dot{m}$	[kg/s]	Massenstrom
Ma	[−]	Machzahl
N	[−]	Anzahl der Gitterpunkte
n	[min^{-1}]	Drehzahl
p	[Pa]	Druck
q	[m^2/s^2]	Wärme
r	[m]	Radius
r^*	[%]	normierte Kanalhöhe
Re	[−]	Reynoldszahl
R_{MSL}	[m]	Krümmungsradius der Meridianstromlinie
s	[J/(kgK)]	Entropie
s	[m]	Kanalhöhe (Span)
T	[K]	Temperatur
t	[m]	Teilung
t	[s]	Zeit
Tu	[%]	Turbulenzgrad
u	[m/s]	Umfangsgeschwindigkeit
$\dot{V}$	[m^3/s]	Volumenstrom
v	[m^3/kg]	spezifisches Volumen
w	[m/s]	Relativgeschwindigkeit
x, y, z	[m]	kartesische Koordinaten
y^+	[-]	dimensionsloser Wandabstand

$\overline{x}$		teilungsgemittelter Wert von x
$\underline{x}$		Vektorschreibweise der kartesischen Koordinaten x, y, z

Griechische Buchstaben

α	[°]	absoluter Strömungswinkel, gegen Umfang gemessen
β	[°]	relativer Strömungswinkel, gegen Umfang gemessen
δ	[°]	Strömungswinkel zwischen absoluter Geschwindigkeit und der Axial-Umfangs-Ebene
δ	[−]	Grenzschichtdicke, auf Kanalhöhe normierter Abstand von der Seitenwand
δ_{ij}	[−]	Kronecker-Delta
δ^*	[−]	Verdrängungsdicke, normiert auf Kanalhöhe
ε	$[m^2 s^{-3}]$	turbulente Dissipationsrate
ε_ν	$[\mathrm{m}^2/\mathrm{s}^2]$	Abbauterm der Wirbelviskosität
η	[−]	Wirkungsgrad
λ	[W/(m K)]	Wärmeleitfähigkeit
μ	[kg/(m s)]	dynamische Viskosität
∇	[−]	Nabla-Operator
ν	[°]	V-Stellungswinkel
ν	$[\mathrm{m}^2/\mathrm{s}]$	kinematische Viskosität
ω	$[\mathrm{s}^{-1}]$	Frequenz der Wirbel
ϕ	[−]	Durchsatzkoeffizient
φ	[°]	Leitgitterposition
π	[−]	Totaldruckverhältnis
Π_ν	$[\mathrm{m}^2/\mathrm{s}^2]$	Produktionsterm für Wirbelviskosität
ψ_{is}	[−]	Enthalpiedifferenzzahl bzw. Druckkoeffizient
ρ	$[\mathrm{kg}/\mathrm{m}^3]$	Dichte
ρ_h	[−]	Reaktionsgrad
σ_ν	[−]	Konstante der Transportgleichung der Wirbelviskosität
τ	[m]	Radial- bzw. Dichtspaltweite
τ_{ij}	[-]	Spannungstensor
θ	[−]	Impulsverlustdicke, normiert auf Kanalhöhe
θ	[°]	Staffelungswinkel (Winkel zwischen Sehne und axialer Richtung)
ξ	[−]	Durchsatzkennwert
ζ	[−]	Totaldruckverlust
ζ_D	[−]	Drehzahlkennwert

Indizes

0		Messebene 0 in der Zuströmung
AP		Auslegungspunkt
av		average - Mittelwert über Kanalhöhe
ax		axial

B	Blockage
δ	Grenzwert für Blockageberechnung
dyn	dynamisch
ex	exit / Abströmung
FLS	Fünflochsonde
HK	Hinterkante
Kav	Kavität
$korr$	korrigiert bzw. Korrektur
M	mechanisch, auf Drehmoment M basierende Berechnung
m	meridian
max	maximal
$mess$	gemessen
$Metall$	Metall-Winkel, Winkel der Skelettlinie an der Vorderkante
min	minimal
MS	Mittelschnitt
$norm$	Normzustand
Pit	Pitot-Sonde
q	dynamischer Druck
r	radial
red	reduziert
rel	relativ
sek	sekundär
t	total
u	Umfang
VK	Vorderkante

Abkürzungen

CFD	Computational Fluid Dynamics
DS	Druckseite
IGV	Inlet Guide Vane / Vorleitgitter
ME	Messebene
MTU	Motoren- und Turbinen-Union
NASA	National Aeronautics and Space Administration
NGV	Niedergeschwindigkeitsverdichter
NLH	Non Linear-Harmonic Method
R	Rotor
RANS	Reynolds Averaged Navier-Stokes
S	Stator
SA	Spalart-Allmaras-Turbulenzmodell
SS	Saugseite
SST	Shear-Stress-Transport-Turbulenzmodell

Einleitung

In einer Vielzahl von Industrie- und Gasturbinenanlagen werden heutzutage Axialverdichter zur Bereitstellung von großen Mengen komprimierter Luft verwendet. Für das Erreichen hoher Druckverhältnisse werden dabei mehrstufige Anlagen notwendig, da im Vergleich zur Radialverdichterstufe nur kleine Druckverhältnisse pro Stufe erreicht werden können. Die Axialverdichterstufe besteht dabei aus einer rotierenden Schaufelreihe, dem Rotor, in welcher die Energieübertragung von der Welle an das Fluid stattfindet und einer stehenden Schaufelreihe, dem Stator, welcher durch die Umlenkung hin zum nachfolgenden Rotor und einer damit verbundenen Verzögerung der Strömung im Absolutsystem zur Steigerung des statischen Druckes beiträgt.
In Gasturbinenanlagen, wie sie in stationären Anlagen zur Energieumwandlung und in Flugtriebwerken vorkommen, hat das im Verdichter erreichte Druckverhältnis wesentlichen Einfluss auf den Wirkungsgrad der Gesamtanlage und damit den Brennstoffverbrauch. Eine Verringerung des Brennstoffverbrauchs ist zudem ein effektives Mittel zur Reduzierung der Emissionen der Anlage. Insbesondere die Triebwerkshersteller unternehmen daher in einer Vielzahl von Forschungsprojekten erhebliche Anstrengungen zur Steigerung des Verdichterdruckverhältnisses. Damit verbundene weitergehende aktuelle Forschungsziele sind die Reduzierung des CO_2- und NO_x-Ausstoßes und der Lärmabstrahlung. Bei stationären Gasturbinenanlagen spielt neben der Forderung nach möglichst hohem Wirkungsgrad die Teillastflexibilität eine immer wichtigere Rolle. Der wachsende Anteil an regenerativen Energiequellen an der Bereitstellung elektrischer Energie erfordert flexible Kraftwerke zum Ausgleich der damit verbundenen Fluktuationen. Hierzu werden unter anderem kombinierte Gas- und Dampfturbinenanlagen mit hohem Wirkungsgrad und kurzen Anfahrzeiten verwendet. Die Steigerung von Lastflexibilität und Effizienz ist in den letzten Jahrzehnten ein wesentliches Forschungsziel der vom Bundesministerium für Wirtschaft und Technologie geförderten Forschungsarbeit an Turbomaschinen in Deutschland [1]. Zur Erreichung dieser ehrgeizigen Ziele kommt der Weiterentwicklung und Optimierung von Axialverdichtern wesentliche Bedeutung zu. Die Technologie der Axialverdichter hat sich in den vergangenen Jahrzehnten rasant entwickelt. Der Einsatz von hoch entwickelten Profilen mit niedrigen Verlusten und möglichst breitem Betriebsbereich soll die Verluste weitgehend reduzieren. Der größte Teil der Verluste wird daher heutzutage im Randbereich des Strömungskanals durch Sekundärströmungen verursacht. Die Strömung ist in diesem Bereich stark dreidimensional und instationär. In Folge des weiter steigenden Druckverhältnisses nimmt in den hinteren Stufen des Verdichters auch die Dichte des Fluids zu, wodurch die Kanalhöhe verringert werden muss. Somit wächst der Anteil der Verluste im Randbereich des Kanals am Gesamtverlust. Trotz des zunehmenden Einsatzes von modernen, dreidimensionalen, numerischen Verfahren ist es schwer, die Strömung in diesem Bereich im Detail zu verstehen und geeignet zu beeinflussen.
Die Strömung im Randbereich des Strömungskanals wird entscheidend von der konstruktiven Trennung von rotierenden und stehenden Bauteilen bestimmt. Für die Rotorbeschaufelung ist ein radialer Spalt zwischen Schaufel und Gehäuse gängige Praxis. Im nabennahen Bereich der Statoren sind hingegen zwei unterschiedliche Bauarten üblich. Es besteht die Möglichkeit, die Statoren analog den Rotoren freistehend mit einem radialen Spalt zur rotierenden Nabe auszuführen oder die Profile beidseitig eingespannt als Variante mit Deckband zu bauen. Bei letzterer Variante wird die Trennung zwi-

schen rotierenden und stehenden Bauteilen aus dem Hauptkanal heraus in den Bereich innerhalb des Deckbandrings verlegt. Dies ermöglicht den Einsatz einer Labyrinthdichtung zur Minimierung der Leckagen durch die Spalte zwischen rotierenden und stehenden Bauteilen. Beide Bauformen verursachen grundlegend unterschiedliche Strömungsphänomene im Randbereich des Hauptströmungskanals. Neben den aerodynamischen Unterschieden entscheiden häufig mechanische Eigenschaften, welche Bauart bevorzugt wird.

Bei aktuellen und zukünftigen Verdichtern ist mit größeren Verhältnissen der radialen Spaltweite zwischen rotierenden und stehenden Bauteilen zur Kanalhöhe zu rechnen. Mit wachsendem Druckverhältnis sinkt die Kanalhöhe am Austritt des Verdichters, während die Dimensionen der Spalte nur bedingt verringert werden können. Jene Spaltweiten sind in Gasturbinen und Flugtriebwerken primär von der unterschiedlichen thermischen Wärmedehnung von Gehäuse, Beschaufelung und Welle bei Änderung der Betriebsbedingungen, insbesondere bei An- und Abfahrvorgängen, abhängig. Mit der Forderung nach zunehmender Flexibilität von stationären Gasturbinen ist auch dort mit größeren Spaltweiten zu rechnen.

Steigende Spaltweiten im Verhältnis zu den Dimensionen der Schaufel sind für Rotor und Stator mit einer Verringerung des Wirkungsgrads und Druckverhältnisses verbunden. Die beiden Bauarten für Statoren zeigen sich dabei unterschiedlich empfindlich auf eine Vergrößerung der Spaltweiten. In Abhängigkeit der gewählten Schaufel- und Dichtungsgeometrie kann für unterschiedliche Spaltweiten die eine oder die andere Variante günstiger sein.

Diese Arbeit vergleicht daher beide Möglichkeiten für Statoren miteinander. Die experimentellen Versuche finden am vierstufigen Niedergeschwindigkeits-Axialverdichter der Technischen Universität Dresden statt. Untersucht werden zunächst an einer bekannten Statorgeometrie die Strömungsfelder mit und ohne Innendeckband. Die Vorhersage mit numerischen Methoden wird mit diesen Ergebnissen überprüft. Da Statoren ohne Deckband aufgrund der wesentlich geringeren Komplexität der Geometrie finanziell vorteilhaft gegenüber Statoren mit Deckband sind, erfolgt für diese Bauform die Auslegung einer verbesserten Beschaufelung. Ziel ist es die Sensitivität der Strömung gegenüber großen Radialspaltweiten am Stator zu verringern. Die Gestaltung der Schaufel basiert dabei auf dreidimensionalen, numerischen Simulationen der Strömung. Abschließend wird auch diese Beschaufelung experimentell untersucht und der Erfolg der Auslegung verifiziert.

1 Grundlagen der Strömung im Seitenwandbereich von Statoren / Stand des Wissens

1.1 Sekundärströmung an Statoren

Die Strömung in mehrstufigen Turbomaschinen ist hochgradig dreidimensional und instationär. Um ein grundlegendes Verständnis der Strömung zu erreichen, wurden über die Jahre viele Modellvorstellungen entwickelt. Von wesentlicher Bedeutung ist dabei die Vorstellung, dass die Strömung sich aus einer Überlagerung verschiedener Strömungsphänomene zusammensetzt. Die primäre Durchströmung des Schaufelkanals wird dabei überlagert von Strömungsphänomenen, die senkrecht auf der Hauptströmung stehen. Diese werden als Sekundärströmung bezeichnet, vergleiche [12] oder [44].

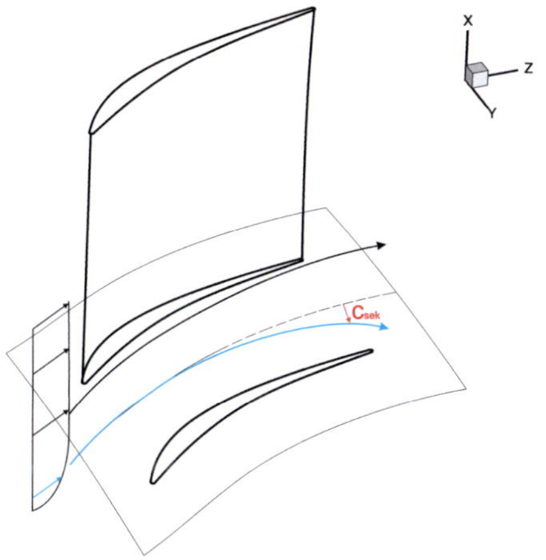

Abb. 1.1: Schematische Darstellung der Sekundärströmung

Grundlegend entsteht eine Sekundärströmung immer dann, wenn die Strömung infolge eines Druckgradienten umgelenkt wird und es in der Strömung normal zur Fläche in der die Umlenkung stattfindet einen Geschwindigkeitsgradienten gibt. Damit die Hauptströmung einer Umlenkung folgen kann, zum Beispiel in dem Kanal zwischen zwei Statoren eines Axialverdichters, muss sich ein Druckgradient $\partial p/\partial r$ normal zur Stromlinie und parallel zur Seitenwand ausbilden. Dieser Druckgradient bildet das Kräftegleichgewicht mit der Zentripetalbeschleunigung $\rho c^2/r$ in der Ebene der Umlenkung. Richtung Seitenwand, im Verdichter Nabe oder Gehäuse, nimmt die Geschwindigkeit in Strömungsrichtung in der Grenzschicht ab. Der in der Hauptströmung erzeugte Druckgradient steht weiterhin im Gleichgewicht zur Zentripetalbeschleunigung. Durch die reduzierte Geschwindigkeit in der Grenzschicht muss auch der Radius der Umlenkung kleiner werden um das Gleichgewicht zu erfüllen. Somit wird die Strömung in der Grenzschicht des Seitenwandbereichs stärker umgelenkt, wie dies in Abb. 1.1 skizziert ist. Es entsteht eine Geschwindigkeitskomponente senkrecht zur Hauptströmung, welche als Sekundärgeschwindigkeit bezeichnet wird. Analog können Geschwindigkeitskomponenten quer zur Hauptströmung auch durch unterschiedliche Druckgradienten zum Beispiel in der Nachlaufdelle von Verdichterschaufeln oder über Radialspalte entstehen. Die Summe dieser Querkomponenten sorgt für die Ausbildung von komplexen Wirbelsystemen. Die wesentlichen Strömungsphänomene, welche auf der Ausbildung von Sekundärströmungen beruhen, werden im Folgenden am Beispiel der Statoren in Axialverdichtern erläutert. Die historische Entwicklung der Modelle zur Sekundärströmung kann an Hand der Zusammenstellungen von Horlock und

Lakshminarayana [35] für die Zeit bis 1973, von Sieverding [73] bis 1985 und von Langston [49] bis 2006 nachvollzogen werden. Während diese Veröffentlichungen vorwiegend die Sekundärströmung in Turbinen behandeln, beschreiben Griepentrog [27] und Bitterlich und Kümmel [4] in ihren Artikeln die an Verdichtergittern auftretenden Sekundärströmungen.
Diese Arbeit beschäftigt sich fast ausschließlich mit der Strömung an Statoren in Axialverdichtern. Für diese Statoren stehen zwei grundsätzliche Konstruktionsvarianten zur Verfügung, welche maßgeblich die Ausbildung der Sekundärströmung beeinflussen. Zur konstruktiven Trennung von rotierenden und stehenden Bauteilen besteht die Möglichkeit, die Statoren im Axialverdichter mit oder ohne Deckband an der Nabe auszuführen. Statoren mit Deckband liefern ein mechanisch stabileres System mit sehr geringer Schwingungsneigung der Schaufeln auf Kosten einer deutlich komplizierteren Geometrie und damit verbundenen höheren Fertigungskosten. Im Gegensatz dazu sind Statoren ohne Deckband vergleichsweise schwingungsanfällig, jedoch deutlich preiswerter in der Fertigung. Schematisch sind die beiden Möglichkeiten in Abb. 1.2 gegenübergestellt. Die Pfeile geben dabei die Strömungsrichtung an.

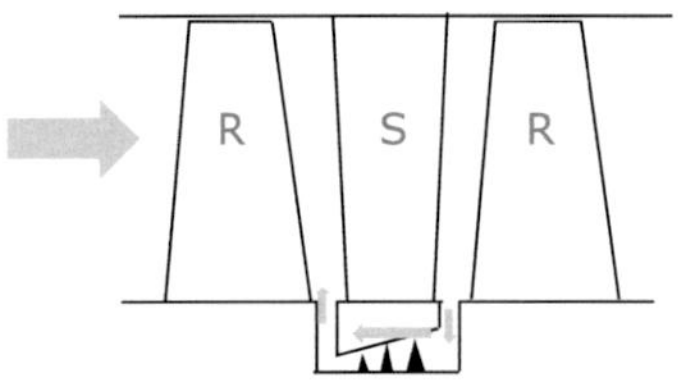

(a) mit Deckband / shrouded

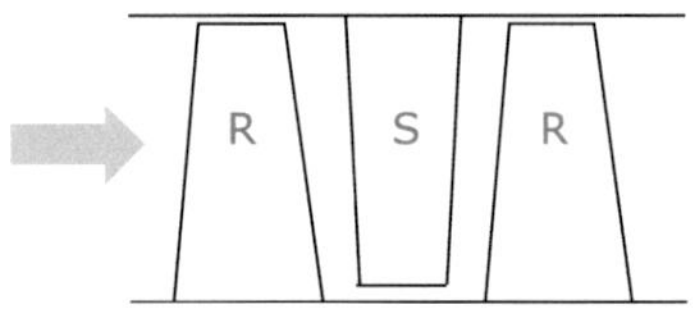

(b) ohne Deckband / cantilevered

Abbildung 1.2: Schematische Darstellung von Statoren mit und ohne Deckband

Im Folgenden sollen für Statoren mit und ohne Deckband die wesentlichen auftretenden Sekundärströmungen vorgestellt werden. Zur Verbesserung des Verständnisses werden üblicherweise einzelne Effekte getrennt voneinander betrachtet und das reale Strömungsfeld als Superposition dieser gemeinsam auftretenden Effekte interpretiert. Es sollen hier vor allem die wesentlichen Unterschiede der zwei Bauarten bezogen auf ihr aerodynamisches Verhalten diskutiert werden. Dazu bleiben zunächst alle instationären Effekte unberücksichtigt, wie zum Beispiel die Nachlaufdellen des stromauf befindlichen Rotors oder die Potentialwirkung des stromab laufenden Rotors. Abbildung 1.3 zeigt schematisch die wesentlich Sekundärströmungseffekte an Statoren mit und ohne Deckband.

Kanalwirbel

Die anhand von Abbildung 1.1 beschriebene Sekundärströmung, die aus der Umlenkung der Strömung und der Seitenwandgrenzschicht folgt, lässt an der Seitenwand eine Strömung von Druck- zu Saugseite entstehen. Aus Kontinuitätsgründen wird das Fluid entlang der Saugseite von der Seitenwand weg Richtung Mittelschnitt befördert und an der Druckseite Fluid Richtung Seitenwand aus dem Mittelschnitt gefördert. Schließlich muss im Bereich der Kanalmitte eine Strömung von Saugseite zur Druckseite entstehen. Diese Strömungen werden zum Kanalwirbel zusammengefasst. Voraussetzung dafür ist, dass die Seitenwand relativ zu den Schaufeln feststehend ist. Das heißt, diese Sekundärströmung stellt sich am Gehäuse für beide Varianten von Statoren ein und rollt sich so zu dem Kanalwirbel in der oberen Kanalhälfte auf. An der Nabe entsteht dieser Wirbel nur im Fall der Variante mit Deckband (Abb. 1.3(a)). Für den Fall ohne Deckband (Abb. 1.3(b)) verhindert die entgegengesetzt zum Druckgradienten rotierende Nabe die Ausbildung einer Strömung von Druck- zur Saugseite im

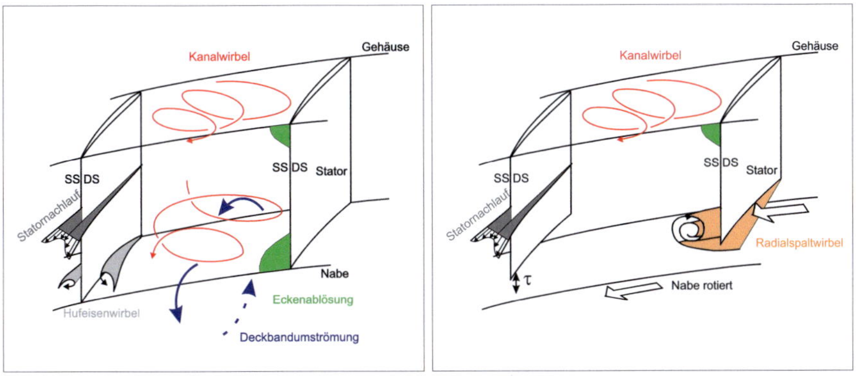

(a) mit Deckband / shrouded (b) ohne Deckband / cantilevered

Abbildung 1.3: Prinzipskizze der Sekundärströmung für Statoren mit und ohne Deckband

Kanal. Die Kanalwirbel sind innerhalb der Schaufelpassage zunächst die dominanten Wirbel, sind jedoch nach der Passage in einer Fünflochsondenmessung nur schwer zu visualisieren. Die Wirbel sind dann zumeist dissipiert oder von stärkeren Wirbelsystemen überlagert.

Hufeisenwirbel

An der Vorderkante von Verdichterschaufeln bildet sich an der Seitenwand der Hufeisenwirbel aus. Dieser kann sich sowohl an der Nabe als auch am Gehäuse entwickeln. Bedingt durch die Aufstauwirkung der Schaufel und den radialen Druckgradienten wird energiearmes Fluid aus der Seitenwandgrenzschicht radial von der Seitenwand weg bewegt und beginnt sich zu einem Wirbel aufzurollen. Es entsteht ein saugseitiger und ein druckseitiger Ast des Hufeisenwirbels. Das verursachende Phänomen ist analog der Umströmung eines Zylinder auf einer ebenen Platte. Der druckseitige Ast des Hufeisenwirbels hat dabei den gleichen Drehsinn wie der Kanalwirbel, wodurch sich beide vermischen und gemeinsam entwickeln. Der saugseitige Ast bleibt in der Ecke von Saugseite und Seitenwand und dreht entgegen dem Kanalwirbel. Im hier betrachteten Niedergeschwindigkeitsverdichter ist die Intensität des Hufeinsenwirbels so gering, dass er nur schwer durch Messungen am Austritt der Schaufelreihe erfasst werden kann.

Hinterkantenwirbel

Stromab der Hinterkante der Schaufel treten bedingt durch den Kanalwirbel unterschiedlich orientierte Sekundärströmungen in unmittelbarer Nachbarschaft auf. Nahe der Saugseite der Schaufel ist beispielsweise der innere Kanalwirbel radial nach innen ausgerichtet, während er auf der Druckseite radial nach außen gerichtet ist. Durch diese Scherschicht werden paarweise Hinterkantenwirbel induziert, welche in ihrer Wirbelstärke von der Stärke des Kanalwirbels abhängen. Die Wirbelstärke liegt somit deutlich unter der des Kanalwirbels.

Eckenablösung

Die Querkanal- bzw. Sekundärströmung, welche bereits als Antriebskraft des Kanalwirbels diskutiert wurde, transportiert energiearmes Material der Seitenwandgrenzschicht zur Saugseite der Schaufel.

Die sich saugseitig auf der Schaufeloberfläche entwickelnde Grenzschicht und dieses Material aus der Seitenwandgrenzschicht interagieren auf der Saugseite, wo das Fluid durch den Kanalwirbel Richtung Kanalmitte ausweichen muss. Es kommt so zu einer Ansammlung von energiearmem Fluid im Bereich der Ecke zwischen Saugseite der Schaufel und der Seitenwand. Auf der Saugseite ist dadurch ein Gebiet zu beobachten, welches durch eine Ablöselinie begrenzt ist. In diesem Bereich als auch auf der Nabe kann es zu Rückströmung kommen. Insgesamt bildet sich ein komplexes dreidimensionales Strömungsfeld aus, welches häufig als dreidimensionale Ablösung oder saugseitige Eckenablösung bezeichnet wird. Ist ein größerer Bereich der Seitenwand von Rückströmungen betroffen, so werden zum Teil die Begriffe Abriss oder Zusammenbruch der Strömung verwendet. Auf die Topologie dieses Phänomens wird im Abschnitt 1.2 noch genauer eingegangen. Für Statoren mit Deckband tritt die Eckenablösung an beiden Schaufelenden auf, für Statoren ohne Deckband nur am Gehäuse.

Radialspaltwirbel

Für Statoren ohne Deckband (Abb. 1.3(b)) ermöglichen der Radialspalt mit Spaltweite τ sowie die Haftbedingung der Strömung an der Nabe eine Unterströmung des freien Schaufelendes entsprechend der Druckdifferenz von Druck- zur Saugseite. Diese Unterströmung hängt stark von der Radialspaltweite und der lokalen Druckverteilung ab. Je nach Betriebspunkt tritt die größte Druckdifferenz in den vorderen 30-50% der Sehnenlänge auf. Sobald die Strömung saugseitig den Spalt verlässt, interagiert sie mit der Hauptströmung und der Seitenwandgrenzschicht und rollt sie sich zu dem Radialspaltwirbel auf. Dieser wird sich von der Saugseite entfernen und in radialer und Umfangsrichtung anwachsen. Der Radialspaltwirbel ist von seiner Wirbelstärke deutlich stärker als die zuvor besprochenen Phänomene und gut durch geeignete Messungen zu visualisieren. Mailach [55] hat gezeigt, dass dieser Wirbel sowohl im stehenden Gitter als auch in rotierenden Turbomaschinen hochgradig instationär sein kann. Ein Überblick über die bisherige Forschung zum Thema Radialspaltwirbel wird in Abschnitt 1.2 gegeben, wobei die Untersuchungen Radialspalte an Statoren ohne Deckband an der Nabe und Rotoren mit Radialspalt zum Gehäuse umfassen.

Deckbandumströmung

Für den Fall mit Deckband wird der untere Kanalwirbel zusätzlich mit der Umströmung des Deckbandes interagieren. Das Deckband wird bei Verdichterstatoren entgegen der Hauptströmung durchströmt, da stromab des Stators ein höherer statischer Druck herrscht als stromauf. Stromauf des Stators tritt die Strömung aus der Deckbandkavität wieder in den Hauptströmungskanal ein. Diese Strömung besitzt einen sehr niedrigen Impuls in axiale Richtung. Dem Druckgradienten an der Nabe folgend wird ein großer Teil dieser Strömung zur Saugseite der Schaufel befördert und interagiert dort mit der saugseitigen Grenzschicht und sorgt für eine Vergrößerung der Eckenablösung.

1.2 Historische Entwicklung der Untersuchung von Statoren mit und ohne Deckband in Axialverdichtern

Bereits 1945 stellte Howell [36] einen axialen Niedergeschwindigkeitsverdichter für Versuchszwecke vor, welcher mit einer variablen Stufenzahl bis maximal 8 Stufen gefahren werden konnte. Umfangreiche Instrumentierung ermöglichte die Vermessung der Strömungszustände in den axialen Räumen zwischen den Schaufelreihen. Noch ohne detaillierte Untersuchungen über die Wirkung der radialen Spalte über den Schaufeln gemacht zu haben, wies Howell auf die Bedeutung von kleinen Spalten für eine gute Performance hin.

> „*The evidence available suggests that 1 to 2 per cent tip clearance has little effect, but that at greater clearances the efficiency drops rapidly, actually about 3 per cent for every 1 per cent increase in clearance on the blade height.*“

Während er für Spaltweiten im Bereich 1% bis 2% der Kanalhöhe nur geringe Auswirkungen auf die Leistungsfähigkeit feststellen konnte, zeigten sich bei größeren Spaltweiten deutliche Einbußen im Wirkungsgrad, die er mit 3% Wirkungsgradverminderung pro 1% Erhöhung der Spaltweite beziffert. Damit wird ein nichtlinearer Zusammenhang zwischen Spaltweite und Wirkungsgrad angedeutet.
Im Rahmen der Entwicklung der Parsons Versuchs-Gas-Turbine [7] in den Jahren 1937 bis 1945 wurden zwei Versuchsverdichter aufgebaut. Der erste Verdichter, dessen Beschaufelung mit Deckbändern versehen war, erwies sich mit einem Wirkungsgrad von 70% als nicht geeignet für den Einsatz in einer Gasturbinenanlage. Für den zweiten Verdichter wurden die Schaufeln nach dem Potentialwirbelgesetz (Free Vortex Design) ausgelegt und mit radialen Spalten über den Schaufeln gebaut. Diese verbesserte Konstruktion erreichte einen Wirkungsgrad von 80% und war damit für den Einsatz in der Anlage geeigneter. An diesem zweiten Verdichter wurde die Bedeutung der Radialspalte systematisch durch Einkürzen der Schaufelhöhe untersucht. Bowden und Jefferson [7] veröffentlichten eine Grafik, welche einen nahezu linearen Zusammenhang zwischen Spaltweite und Wirkungsgrad als auch Druckaufbau aufweist. Bereits bei diesen frühen Versuchen, Axialverdichter und -turbine zu einer Gasturbinenanlage zu kombinieren, wurden für die Statoren also die beiden bis heute gängigen Ausführungen von Statoren betrachtet.
Eine der ersten systematischen Untersuchungen der beiden Designvarianten in einer Versuchsanlage ist von Jefferson und Turner [39] im Jahr 1958 veröffentlicht. An dem Axialverdichter „No. 106“ des National Gas Turbine Establishment in Farnborough (UK) führten sie vergleichende Versuche mit Rotoren und Statoren mit und ohne Deckband durch. Während die Verdichtercharakteristik durch das Entfernen der Deckbänder über den Rotoren kaum verändert wurde, führte deren Entfernen an den Statoren zu einer deutlichen Verbesserung des Wirkungsgrads und Druckaufbaus im Bereich niedriger Durchflusskennzahlen. Die Radialspaltweite über Rotor und Stator betrug mit 0.5mm etwa 0.8% der Kanalhöhe. Besonderheiten der Gestaltung der Schaufeln waren zum Einen die einfache Bauart des Schaufelblattes, welches aus Stangenmaterial gefertigt war und somit in radialer Richtung nicht variierte. Zum Anderen war die Dichtspitze am Deckband des Stators in axiale Richtung zum davor befindlichen Rotor ausgerichtet, wodurch die Spaltweite im Betrieb durch axiales Verschieben des Rotors eingestellt werden konnte. Dies wurde für eine systematische Untersuchung des Einflusses der Dichtspaltweite am Deckband auf den Gesamtwirkungsgrad und Druckaufbau genutzt. Es zeigte sich, dass beide Parameter mit wachsendem Spalt nahezu linear fallen, jedoch im Bereich sehr kleiner Spaltweiten annähernd konstant sind. Es wurden innerhalb der Untersuchungen keine systematischen Variationen an der Radialspaltweite der Statoren vorgenommen, jedoch wurde zusätzlich ein Test mit minimaler Radialspaltweite an den Statoren durchgeführt. Durch entsprechende Präparierung des Verdichters wurde eine Spaltweite von nur 0.05mm, also kleiner als 0.1% der Kanalhöhe, eingestellt. Dabei stellte sich ein ähnlich hoher maximaler Wirkungsgrad wie mit normalem Spalt ein, der Richtung Stabilitätsgrenze hingegen analog den Varianten mit Deckband stark abfiel. Auch der Druckaufbau ähnelt in seiner Charakteristik der Variante mit Deckband, liegt aber gleichzeitig auf ähnlich hohem Niveau wie für den nominalen Radialspalt. Diese Untersuchungen zeigen bereits, dass die Radialspaltweite ein Optimum besitzt und die Auswirkungen auf den Verdichter nichtlinear sind. Verdeutlicht wird der Einfluss der Radialspaltweite durch die Darstellung der Ergebnisse von Bowden und Jefferson [7]

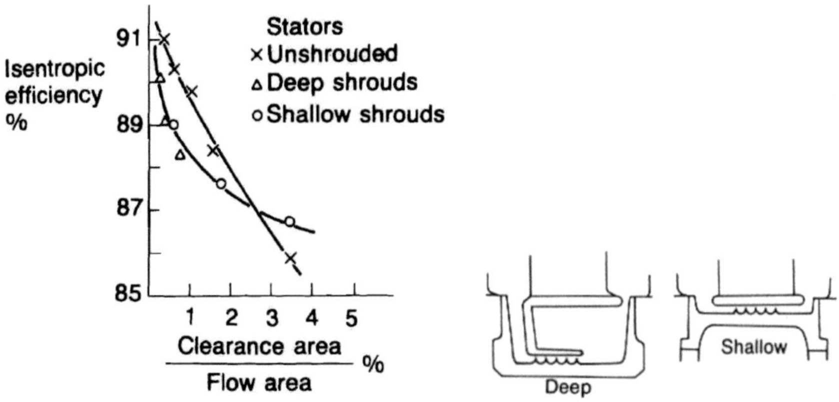

Abbildung 1.4: Wirkungsgrad eines 2-stufigen Niedergeschwindigkeitsverdichters für Statoren ohne und mit Deckband von Freeman [18] (aus Cumpsty [12])

in Form von Verdichter-Kennfeldern bei variierender Spaltweite. Die Spaltweitenvariation an diesem 8-stufigen Verdichter betrug 1.13% bis 6.75% der Kanalhöhe, es fehlen in beiden Veröffentlichungen Angaben, ob Rotor und Stator oder nur die Statoren variiert wurden. Weitere Versuche mit einem verbesserten Rotor-Design verdeutlichen das Verbesserungspotential und die Auswirkungen der Abströmung aus dem Rotor auf den nachfolgenden Stator, welcher nun bei Verringerung der Dichtspalte am Deckband auch für kleine Spaltweiten eine weitere Steigerung des Wirkungsgrads und des Druckaufbaus mit sich bringt. Die wesentlichen Schlussfolgerungen, die Jefferson und Turner [39] ziehen, sind, dass für die verwendete Beschaufelung Statoren ohne Deckband klar zu bevorzugen sind und dass die Erhöhungen von Spaltweiten bei beiden Ausführungsvarianten zu sinkendem Wirkungsgrad und verringertem Massenstrom an der Stabilitätsgrenze führen. Ein weiterer direkter Vergleich von Statoren mit und ohne Deckband wurde von Freeman [18] veröffentlicht. An einem zweistufigen Niedergeschwindigkeitsverdichter wurden drei unterschiedliche Deckbandvarianten getestet und diese mit Radialspaltvariationen an Statoren ohne Deckband verglichen. Es konnte gezeigt werden, dass die Form, insbesondere die Tiefe der Kavität, keinen Einfluss auf den Wirkungsgradverlust bezogen auf die Dichtfläche hat. Der direkte Vergleich von Statoren mit und ohne Deckband ist in Abb. 1.4 abgedruckt. Daraus wird ersichtlich, dass die Statoren ohne Deckband (unshrouded) bis zu einer Spaltfläche von 2.5% bezogen auf die Kanalfläche den besseren Wirkungsgrad besitzen. Weitere Versuche bestätigen die Aussagen von Jefferson und Turner [39] bezüglich der Nichtlinearität der Verhältnisse bei sehr kleinen Radialspalten. Die Erkenntnis, dass eine gewisse Radialspaltweite notwendig ist, damit sich die positiven Effekte einstellen, wird von Freeman [18] bekräftigt. Gleichzeitig stellt er heraus, dass diese optimale Spaltweite unterhalb der in realen Verdichtern realisierbaren Minimalspalte liegt.

Während sich die vorangegangenen Veröffentlichungen fast ausschließlich auf einen globalen Vergleich der Statoren mit und ohne Deckband beschränkten, zeigten Swoboda et al. [80] auch detaillierte Strömungsfeldmessungen. In dem vierstufigen Niedergeschwindigkeitsverdichter in Cranfield wurde die gleiche Beschaufelung für Statoren mit und ohne Deckband vermessen. Sowohl der Radialspalt am Stator als auch die Dichtspitzenweite in der Labyrinthdichtung betrug dabei 1.1% der Kanalhöhe. Der maximale Wirkungsgrad wurde für die Version ohne Deckband mit knapp 1% über der Version mit Deckband gemessen, wobei der Unterschied innerhalb der ermittelten Messgenauigkeit liegt. Die Strömungsfeldmessungen am Austritt der Statoren 1 bis 3 und der Rotoren 1 und 3 zeigen, wie sich die Strömung an der Nabe verändert, während die äußeren 50% der Kanalhöhe nahezu unbeeinflusst sind von der Veränderung der Statoren.

Untersuchung zu Statoren mit Deckband

Weiterhin gibt es eine Vielzahl an Veröffentlichungen, welche sich mit je einer der beiden Konstruktionsmöglichkeiten beschäftigt. Es ist daher nicht möglich, hier einen vollständigen Überblick zu geben. Für Statoren mit Deckband zeigten Joslyn und Dring 1985 [40] den dominierenden Einfluss der saugseitigen Eckenablösung auf die Verluste in der Schaufelreihe. Für einen zweistufigen Axialverdichter wiesen sie nach, dass die saugseitige Eckenablösung an der Nabe bei stärkerer Belastung des Verdichters mit sinkender Durchflusszahl deutlich anwächst. Im gleichen Jahr veröffentlichte Wisler [88] einen Überblick über die Arbeiten am vierstufigen Niedergeschwindigkeitsverdichter von General Electric und NASA. Für das Basisdesign zeigten sich an den Statoren mit Deckband insbesondere nahe der Nabe große Verluste bei hoher Belastung des Verdichters, welche auf eine Eckenablösung schließen lassen. Über eine Veränderung der Verteilung des Staffelungswinkels über der Kanalhöhe, mit einer Vergrößerung des Staffelungswinkels in den Randzonen, konnten diese Verluste deutlich reduziert werden und für den Gesamtverdichter eine Steigerung des Wirkungsgrads und des maximalen Druckverhältnisses erreicht werden. Weiterhin wurde gezeigt, dass die Verbesserung des Stators wesentlich vom Design des Rotors abhängt. Während für den Stator keine Variationen am Deckband veröffentlicht wurden, wies Wisler auf die Bedeutung des Rotorradialspaltes hin.

In den letzten 15 Jahren fokussierten sich die Untersuchungen an Statoren mit Deckband auf den Einfluss der Spaltströmung auf die Hauptströmung. Wellborn und Okiishi [85] untersuchten in sehr detaillierter Weise den Einfluss des Labyrinth-Dichtspaltes auf das Betriebsverhalten des Verdichters und der einzelnen Stufen. Variiert wurde zunächst die Dichtweite aller vier Stufen des vierstufigen Niedergeschwindigkeitsverdichters der NASA, sowie in einer weiteren Messkampagne nur die Dichtspaltweite der dritten Stufe. Neben den ausführlichen Kennfeld- und Strömungsfeldmessungen sind die Messungen im Ein- und Auslass der Kavität hervorzuheben. Bei Variation der Dichtspaltweite um 1% der Kanalhöhe sank der Wirkungsgrad des Verdichters um den gleichen Prozentsatz. Strömungsfeldmessungen nach dem dritten Stator zeigen sehr deutlich das Anwachsen eines Totaldruckminimums in der saugseitigen Ecke zwischen Schaufel und Nabe. Es wird daraus geschlussfolgert, dass die Deckbandumströmung durch den Querdruckgradienten an der Nabe zur Saugseite hin abgelenkt wird und dadurch die sogenannte Eckenablösung verstärkt. Diese Annahme wurde durch numerische Untersuchungen der Autoren in [86] bestätigt. Des weiteren wurde durch Simulationen der Einfluss der tangentialen Geschwindigkeitskomponente der Strömung aus der Kavität heraus aufgezeigt. Weitere detaillierte numerische Untersuchungen der Deckbandumströmung und verschiedener Dichtspaltgeometrien wurden von Heidegger [31] durchgeführt.

Der bereits von Wellborn und Okiishi [86] gezeigte Effekt der tangentialen Geschwindigkeitskomponente am Auslass aus der Kavität wurde durch Experimente in Kaskaden weiter belegt. Demargne und Longley [14] zeigen an einem ebenen Schaufelgitter mit separat regelbarem Massenstrom am Kavitätsein- und -austritt, wie sich die Verluste mit wachsendem Massenstrom am Kavitätsaustritt erhöhen und bei steigender Umfangskomponente sinken. Sohn *et al.* [76] zeigen in ihrer Kaskade ebenso eine deutliche Reduzierung der Eckenablösung bei steigender Tangentialgeschwindigkeitskomponente im Auslass der Deckbandkavität.

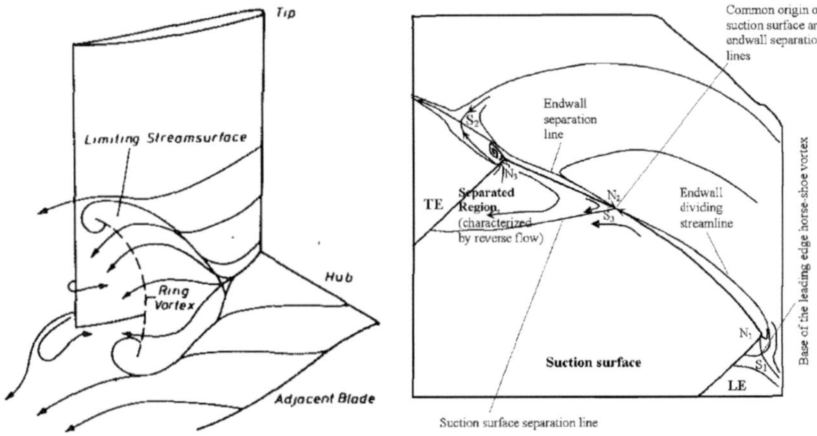

(a) aus Schulz *et al.* [71] (b) aus Gbadebo *et al.* [23]

Abbildung 1.5: Topologie der saugseitigen Eckenablösung

Im Rahmen der Untersuchungen von Statoren mit Deckband ist die Form und Beeinflussung der sogenannten Eckenablösung von wesentlicher Bedeutung. Aus einer Vielzahl von Veröffentlichungen seien hier beispielhaft Schulz *et al.* [71], [72] und Gbadebo *et al.* [21] genannt. Schulz *et al.* untersuchten in einer kreisringförmigen Kaskade die saugseitige Eckenablösung an der Nabe und den Einfluss von Rotornachlaufdellen auf diese. Auf Basis von Anstrichbildern schlagen die Autoren eine mögliche Topologie der Eckenablösung vor, welche in Abb. 1.5 (a) dargestellt ist. Demnach wird die Eckenablösung auf der Saugseite und an der Nabe von einer begrenzenden Stromlinie abgeschirmt. Ausgehend von je einem Wirbelzentrum an der Saugseite und der Nabe vermuten Schulz *et al.* einen Ringwirbel als Begrenzung der Eckenablösung.

Gbadebo *et al.* [21] definieren die Form der Eckenablösung über die Ausprägung der Quasi-Wandstromlinien. Basierend auf der Klassifizierung der kritischen Punkte nach Tobak und Peake [82] benennen sie auf der Saugseite und der Seitenwand Knoten- (N), Fokus- (F) und Sattelpunkte (S), siehe Abb. 1.5 (b) und zeigen wie diese mit der Belastung der Schaufel die Form der Eckenablösung bestimmen. In weiteren Studien untersuchten die Autoren wie die Oberflächenrauhigkeit die Eckenablösung vergrößern kann [24], durch kleine Radialspalte bzw. Teilspalte die Ablösung unterdrückt werden kann [22] oder sich diese durch gezielte Absaugung beeinflussen lässt [23].

Untersuchung zu Statoren ohne Deckband

Der wesentliche Unterschied zwischen den zwei Bauformen für Statoren ist das Vorhandensein eines Radialspaltes an der Nabe bei Statoren ohne Innendeckband. Dieser Radialspalt ist von seiner grundlegenden Physik identisch dem an einer Rotorschaufel zum Gehäuse. Durch den Radialspalt stellt sich, wie in Abschnitt 1.1 erläutert, ein Radialspaltwirbel ein. In der Vergangenheit wurde dieses Phänomen ausgiebig experimentell an Kaskaden und rotierenden Maschinen untersucht. Einen Überblick über die historische Entwicklung dieser Arbeit ist von Peacock [62], [63] und Cumpsty [12] gegeben.

Für die Entwicklung einer Strömung durch den Radialspalt am freien Schaufelende zeigen sich zwei Effekte verantwortlich. Zum Einen folgt die Strömung dem Druckgefälle von Druck- zur Saugseite

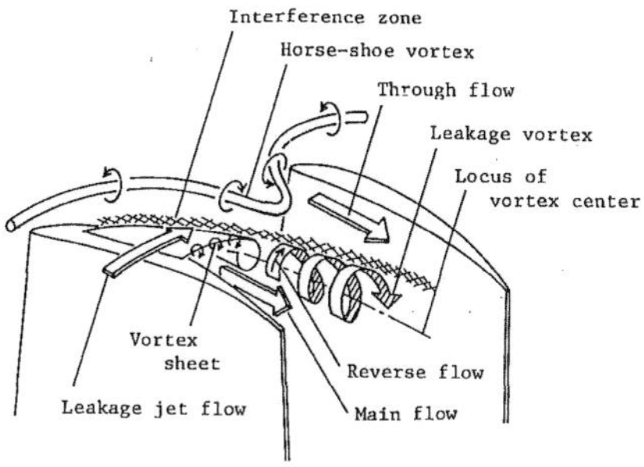

Abbildung 1.6: Modell des Radialspaltwirbels (aus Inoue und Kuroumaru [37])

der Schaufel durch den Spalt, zum Anderen wird Fluid durch die Haftbedingung an der Nabe bzw. Gehäusewand und der Relativbewegung jener gegenüber der Schaufel durch den Spalt gefördert. Die Leckageströmung (Leakage jet flow) interagiert mit der Hauptströmung (Main flow) in der Passage, der Seitenwandgrenzschicht der Zuströmung und der Sekundärströmung und rollt sich zu einem spiralförmigen Wirbel auf, welcher als Radialspaltwirbel (Leakage vortex) bezeichnet wird. Eine schematische Darstellung dieser Strömungsphänomene am freien Schaufelende ist in Abb. 1.6 aus Inoue und Kuroumaru [37] dargestellt. Die Entwicklung dieses Modells beruht insbesondere auf umfangreichen Messungen an einzelnen Rotoren eines Niedergeschwindigkeits-Axialverdichters bei variierenden Radialspaltweiten. Das System des Hufeisenwirbels (Horse-shoe vortex) wurde von den Autoren bei allen untersuchten Spaltweiten detektiert, tritt jedoch bei sehr kleinen Spaltweiten stärker in Erscheinung. Weitere detaillierte Untersuchungen der Strömung im Bereich des Radialspaltes und des Schaufelkanals beschreiben unter anderem Storer und Cumpsty [78], Lakshminarayana *et al.* [45], Lehmann [50] und Tang [81] in ihren Arbeiten. Als wesentliche Parameter, welche die Ausbreitung und Stärke des Radialspaltwirbels beeinflussen, wurden dabei die aerodynamische Belastung, die Radialspaltweite, die Reynolds- und Machzahl sowie die Maschinen-spezifische Einbausituation (lineare Kaskade, isolierter Rotor, ein- oder mehrstufige Maschine) identifiziert.

Van Zante *et al.* [91] veranschaulichten für einen transsonischen Verdichter, dass neben dem Radialspaltwirbel ein weiterer Wirbel entsteht, welcher als „induzierter Wirbel" bezeichnet wird. Dieser ist bedingt durch die Schleppwirkung am Rand des Radialspaltwirbels und somit messtechnisch nur schwer nachweisbar, da er von geringerer Intensität und Ausbreitung im Vergleich zum Radialspaltwirbel ist. In den in dieser Arbeit diskutierten Messungen im Axialspalt zwischen den Schaufelreihen ist dieser Wirbel nicht zu erkennen.

Neben den bereits genannten Arbeiten zum direkten Vergleich von Statoren mit und ohne Deckband wurden Statoren ohne Innendeckband in den frühen Veröffentlichungen zumeist im Zusammenhang mit der Vorhersage der Blockage und Seitenwandgrenzschicht betrachtet. In diesem Kontext ist die Veröffentlichung von Smith [75] zu beachten, in welcher die Abhängigkeit der Grenzschichtparameter von Radialspaltweiten an Rotoren und Statoren untersucht wurde. Smith verweist auf einen linearen Abhängigkeit der Verdrängungsdicke von der Größe des Radialspaltes und stellt ein Modell zur Berechnung der Blockage und Grenzschichtparameter vor. Durch weitergehende Daten wird dieser Zusammenhang von Koch und Smith [42] belegt. Weitere Methoden zur Vorhersage der Blockage an den Seitenwänden wurden von Khalid *et al.* [41] und Horlock [34] vorgestellt. Letzterer kommt vergleichend zu der Schlussfolgerung, dass die beiden letztgenannten Verfahren nur die Veränderung der Blockage über einer Schaufelreihe mit Radialspalt vorhersagen können, jedoch nicht das absolute Niveau der Blockage stromab einer Schaufel mit oder ohne Spalt zur Seitenwand innerhalb einer mehrstufigen Konfiguration.

Bereits 1954 modelliert Rains in seiner Dissertation [65] die Entstehung des Radialspaltwirbels basierend auf experimentellen Untersuchungen an einer dreistufigen Axial-Wasser-Pumpe. Für große Spaltweiten wird angenommen, dass der Radialspalt eine strahlförmige Leckage normal zur Schaufel auf der Saugseite verursacht, die weitgehend reibungsfrei betrachtet werden kann. Die Interaktion dieses Strahls mit der Hauptströmung entlang der Saugseite führt zur Ausbildung eines Wirbels. Die Verluste werden im Modell von Rains durch die Dissipation der kinetischen Energie des Leckagefluids bei der Bildung und Ausmischung des Wirbels verursacht. Cumpsty [12] diskutiert dieses Modell und diverse weitere Methoden. Das Modell von Storer und Cumpsty [79], basierend auf ihren Experimenten aus [78], entwickelt die Vorstellung von Rains weiter. Der wesentliche Unterschied der beiden Methoden liegt in der Ursache der Verluste. Storer und Cumpsty sehen die Entstehung der Verluste bedingt durch die Vermischung von zwei Strömen mit unterschiedlicher Ausrichtung. Im konkreten Fall sind das die Hauptströmung und die Leckage durch den Radialspalt, die annähernd senkrecht zur lokalen Skelettlinie verläuft. Die Verluste werden auf Basis der Kontinuitätsgleichung für ein Kontrollvolumen bestimmt, somit geht nicht die vollständige kinetische Energie der Spaltströmung verloren. Die Berücksichtigung der vektoriellen Größe der Geschwindigkeit anstelle der skalaren Größe der kinetischen Energie verspricht eine signifikante Verbesserung der Vorhersage. Für die Anwendung auf Axialverdichter wird das Berechnungsmodell durch geeignete Annahmen modifiziert, so dass die Abschätzung der Verluste durch den Radialspaltwirbel schließlich auf Basis einfacher geometrischer Parameter der Auslegung und Zu- bzw. Abströmwinkeln beruht. Somit konnte von Storer und Cumpsty eine Analyse des Einflusses von Spaltweite, Beschaufelungsgeometrie und Belastung durchgeführt werden. Wesentliche Erkenntnisse dieser Arbeit sind, dass die Profildruckverteilung zwar den Punkt der maximalen Spaltströmung bestimmt, jedoch die über dem gesamten Profil auftretende Leckage primär von der Belastung bestimmt ist. Somit kann für eine gegebene Spaltweite und Umlenkung durch Anpassung der Druckverteilung nur geringfügig Einfluss auf die Verluste genommen werden. Weiterhin wurde festgestellt, dass für steigende Schaufelbelastung (z.B. Diffusionszahl) die Verluste des Radialspaltwirbels nur langsam anwachsen. Die Verteilung der Belastung zwischen Rotor und Stator lässt sich über den Reaktionsgrad formulieren, die Autoren betrachten eine Repetierstufe mit Rotor und Stator mit identischer Radialspaltweite. Für diesen Fall ist ein Verlustminimum für den Reaktionsgrad 50% zu erwarten. Die übliche radiale Variation des Reaktionsgrades zwischen Nabe und Gehäuse ist dabei jedoch nicht berücksichtigt. In dem Modell sind die Verluste proportional zum Verhältnis von Spaltströmung zur Hauptströmung. Betrachtet man eine Beschaufelung konstanter Geometrie und Teilungsverhältnisses, so hängen die Verluste vom Verhältnis der Spaltweite zur Kanalhöhe τ/s ab, wie es auch in dieser Arbeit und vielen anderen experimentellen Untersuchungen verwendet wird. Aerodynamisch ist dennoch primär der Bezug der Spaltweite auf die Sehnenlänge oder die Teilung relevant.

Von entscheidender Bedeutung für die Stärke des Radialspaltwirbels und damit der Verluste ist somit die Größe des Spaltes. Mit wachsender Spaltweite wird in der Literatur übereinstimmend eine Verringerung des Wirkungsgrads und des Druckaufbaus verzeichnet. Freeman [18] dokumentiert die Auswirkung von Rotorspaltweitenvariation auf das Betriebsverhalten eines sechsstufigen Hochdruckverdichters. Eine Vielzahl von Niedergeschwindigkeits- und Kaskadenversuchen analysieren die detaillierten Strömungsvorgänge. Die Existenz einer optimalen Spaltweite, welche kleiner als 1% der Sehnenlänge ist, belegen unter anderem Inoue *et al.* [38] und Storer und Cumpsty [79]. Erst für

Werte größer bzw. gleich dieser optimalen Spaltweite vermindert sich die saugseitige Ablösung durch die Existenz des Radialspaltwirbels. Radialspaltweiten oberhalb dieser optimalen Spaltweite weisen zumeist einen linearen Anstieg der Verluste mit der Radialspaltweite auf. Abweichend von diesen Erkenntnissen zeigt Williams [87] in experimentellen Untersuchungen an verschiedenen linearen Kaskaden, dass die Verluste bei wachsender Spaltweite nicht zwingend linear ansteigen müssen. In seinen Versuchen beobachtet er je nach untersuchter Beschaufelung ein Plateau oder sinkende Verluste bei großen Spaltweiten. Die Übertragung dieser Ergebnisse auf reale Maschinen wird durch die Kaskaden-typischen Vereinfachungen, wie feststehende Gehäusewände und homogene Zuströmbedingungen erschwert.

1.3 Reduzierung von Verlusten durch dreidimensionales Schaufeldesign

Wie in den vorangegangenen Kapiteln beschrieben, entsteht ein Großteil der Verluste in den Randzonen der Schaufelgitter. Daraus folgt, dass Verbesserungen des Wirkungsgrads und Druckaufbaus primär durch eine Verbesserung der Strömung in diesen Bereichen erreicht werden konnten. Eine erste Möglichkeit ist die bereits diskutierte Veränderung der Verteilung des Staffelungswinkels bzw. die damit verbundene Anpassung der Inzidenz im Randbereich, wie sie von Wisler [88] beschrieben wird. An der Nabe und am Gehäuse sorgt eine lokale Vergrößerung des Staffelungswinkels relativ zu einem gering verwundenen Basisdesign für eine geringere Belastung der Randzonen und Verminderung der Verluste in Seitenwandnähe. Von Wisler [88] wurden hierbei Statoren mit Deckband untersucht. Weiterhin lässt sich über Veränderungen des Staffelungswinkels der Reaktionsgrad modifizieren. Bereits anhand von einfachen Parameterstudien ist bekannt, dass eine Erhöhung des Reaktionsgrades im Bereich $\rho_h = 0.5 \ldots 1.0$ zu einer Verringerung der Verluste der Stufe und insbesondere des Stators führt, vergleiche Bräunling [10] und Cumpsty [12]. Solche theoretischen Studien berücksichtigen jedoch nur die Profilverluste und nicht die Verluste durch den Radialspaltwirbel im Fall einer Beschaufelung ohne Deckband.

Weitere Möglichkeiten die Randbereiche positiv zu beeinflussen, liegen in der Veränderung der Fädelungslinie der Profile. Die zweidimensional gewählten Profile werden unter mechanischen, aerodynamischen und aeroelastischen Gesichtspunkten in radiale Richtung positioniert. Zumeist wird dabei als Fädelungspunkt ein Punkt nahe dem Flächenschwerpunkt des Profils gewählt. Diese Fädelungslinie kann unter aerodynamischen Maßgaben gezielt zur Seitenwand hin geneigt werden. Unterschieden wird dabei eine lokale Neigung der Fädelungslinie in Sehnenrichtung - Pfeilung und eine Neigung senkrecht zur Sehne - V-Stellung. Die Begriffe Pfeilung und V-Stellung sind aus der Theorie der Tragflügel entlehnt, für welche die Wirkung auf die Profilumströmung bereits bekannt war. Von Smith und Yeh [74] wurden sie auf die Aerodynamik in Turbomaschinen übertragen und grundlegend diskutiert. Zu beachten ist, dass in der Literatur häufig unterschiedliche Definitionen verwendet werden. So können Verschiebungen der Profile in axialer oder Umfangsrichtung als Kombination von Pfeilung und V-Stellung interpretiert werden. In Abb. 1.7 sind die in dieser Arbeit verwendeten Definitionen dargestellt. Unter positiver Pfeilung wird eine Verschiebung der Profile entlang der Sehne entgegen der Hauptströmungsrichtung verstanden. Die positive V-Stellung ist durch einen stumpfen Winkel zwischen Saugseite der Schaufel und der Tangente der Naben- bzw. Gehäusekontur charakterisiert, wobei die Profile senkrecht zur Profilsehne verschoben wurden.

Die Einführung von Pfeilung ermöglicht die Beeinflussung der Profilbelastungsverteilung. Eine positive Pfeilung verringert die Belastung nahe der Vorderkante der Schaufel, dies wird vorwiegend bei transsonischen Verdichterschaufeln ausgenutzt. V-Stellung verändert die Richtung der auf das Fluid

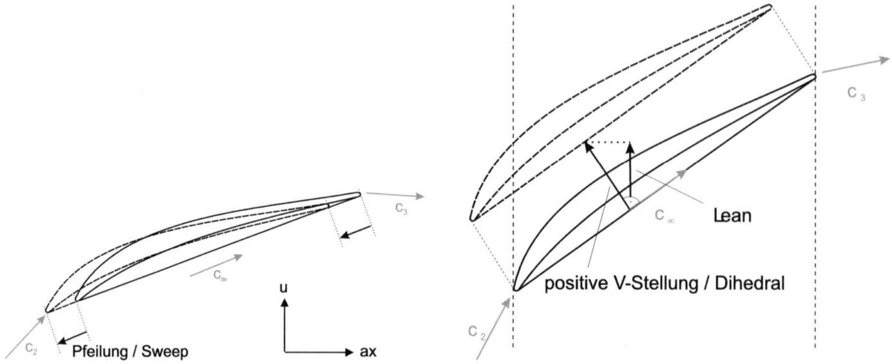

(a) Pfeilung / Sweep (b) V-Stellung / Dihedral / Bow

Abbildung 1.7: Definition von Pfeilung und V-Stellung

wirkenden Schaufelkräfte und ermöglicht so eine gezielte Veränderung des radialen Gleichgewichts und des radialen Verlaufs des Reaktionsgrades. Positive V-Stellung erhöht in Randschnitten den Reaktionsgrad und reduziert die Belastung. Durch die Verringerung der Belastung vermindern sich die Sekundärströmungsverluste. Die physikalische Wirkungsweise von Pfeilung und V-Stellung sind von Gallimore *et al.* [19] und Gümmer [28] ausführlich beschrieben.

Zur Analyse der Auswirkung von V-Stellung auf das Strömungsfeld soll zunächst das Kräftegleichgewicht an einem Fluidteilchen in radialer Richtung aufgestellt werden. Auf das Fluidteilchen wirken die Fliehkräfte durch die Umfangskomponente der Geschwindigkeit c_u entlang des Radius r und der Meridiankomponente c_m entlang der gekrümmten Meridianstromlinie (Krümmungsradius R_{MSL}), weiterhin ist der Druckgradient über der Kanalhöhe zu berücksichtigen. Die Schaufel selbst verursacht eine Kraft, deren Komponente in radialer Richtung f_r in das vereinfachte, radiale Gleichgewicht (Glg. 1.1) einbezogen wird (vgl. [16]).

$$\frac{c_u^2}{r} + \frac{c_m^2}{R_{MSL}} = f_r + \frac{1}{\rho}\frac{\mathrm{d}p}{\mathrm{d}r} \tag{1.1}$$

Für eine zylindrische Schaufel ohne V-Stellung entfällt die radiale Komponente der Schaufelkraft. Bei zusätzlicher Annahme eines zylindrischen Kanals wird die Meridianstromlinie annähernd auf konstantem Radius verlaufen, wodurch keine Krümmung der Meridianstromlinie auftritt ($R_{MSL} \to \infty$) und somit die daraus resultierende Fliehkraft zu Null wird. Wird eine derartige Schaufel nun mit einer V-Stellung versehen, bei der die Druckseite zur Nabe geneigt wird, so entsteht eine Schaufelkraft in radialer Richtung F_r, die zur Nabe weist. Es wird angenommen, dass sich der Strömungswinkel α nicht verändert, somit die Umfangskomponente der Geschwindigkeit c_u konstant bleibt. Ebenso ist die Meridiangeschwindigkeit bedingt durch die Kontinuität als konstant anzusehen. Woraus folgt, dass die erzeugte radiale Schaufelkraftkomponente F_r zu einer Änderung des radialen Druckgradienten (1) und einer Krümmung der Meridianstromlinie (2) führt.

$$F_r \sim \underbrace{\frac{1}{\rho}\frac{\mathrm{d}\Delta p}{\mathrm{d}r}}_{1} + \underbrace{\frac{c_m^2}{R_{MSL}}}_{2} \tag{1.2}$$

In dem hier theoretisch betrachteten Fall steigt der Druck an der Nabe und sinkt am Gehäuse. Die Meridianstromlinie wird im vorderen Bereich der Schaufel radial nach außen verlagert. Wie in

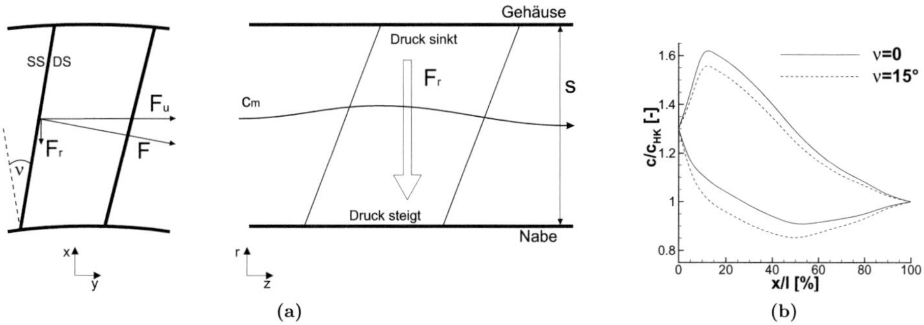

Abbildung 1.8: Auswirkung von V-Stellung auf zweidimensionale, reibungsfreie Strömung nach Gümmer [28] und Veränderung der Profilgeschwindigkeitsverteilung an der Nabe bei positiver V-Stellung von $\nu = 15°$

Abb. 1.8 (a) ersichtlich, kommt es im hinteren Teil des Profils zu einer Verlagerung der Stromlinie nach innen. Diese lässt sich aus der potentialtheoretischen Betrachtung des Profils ableiten. Wird das Profil wie hier betrachtet in Umfangsrichtung geneigt, so erzeugt die Zirkulation des Profils Komponenten in radialer als auch in Umfangsrichtung. Für die betrachtete positive V-Stellung induziert diese Zirkulation im hinteren Bereich der Schaufel Geschwindigkeiten, die radial einwärts gerichtet sind und nimmt so Einfluss auf die Lage der Meridianstromlinien. Denton und Xu [16] zeigen durch weitere Umformungen von Gleichung 1.2, dass das Verhältnis der Änderung der Stromlinienkrümmung zur Änderung des Druckgradienten funktional von der gewählten Geometrie abhängt.

$$\frac{\text{Änderung der Stromlinienkrümmung}}{\text{Änderung des Druckgradienten}} \sim \left(\frac{s}{l}\frac{\cos\alpha}{\cos\theta}\right)^2 \tag{1.3}$$

Bei konstantem Staffelungswinkel θ und Strömungswinkel α ist die Stromlinienkrümmung der überwiegende Effekt bei einem großen Höhenseitenverhältnis s/l. Für die hier betrachteten hinteren Stufen eines mehrstufigen Axialverdichters sind die Kanalhöhe s und die Sehne l in der gleichen Größenordnung. Somit treten auch Veränderungen der Stromlinienkrümmung und des radialen Druckgradienten in gleicher Weise auf. Diese Betrachtungen zeigen, dass über die V-Stellung gezielt Einfluss auf das radiale Gleichgewicht und somit auf die radiale Belastungsverteilung genommen werden kann.

Von primärem Interesse sind im Weiteren die Seitenwandbereiche, in denen ein Großteil der Verluste der Schaufelreihe durch Sekundärströmungen verursacht wird. Gümmer [28] führt hierzu eine potentialtheoretische Betrachtung durch und gibt für die auf Saug- und Druckseite induzierten Geschwindigkeiten folgende Beziehung an:

$$\frac{c_{SS,i}}{c_{SS,i,\nu=0}} = \frac{1}{\cos\nu} - \tan\nu \quad , \qquad \frac{c_{DS,i}}{c_{DS,i,\nu=0}} = \frac{1}{\cos\nu} + \tan\nu \tag{1.4}$$

Basierend auf diesen Gleichungen wurde die Auswirkung auf die Profilgeschwindigkeitsverteilung an der Nabe für eine beliebige positive V-Stellung von $\nu = 15°$ berechnet. In Abb. 1.8 (b) ist das Absinken der Geschwindigkeiten auf Druck- und Saugseite für die Einführung einer V-Stellung ersichtlich. Durch die verringerten Geschwindigkeiten steigt der statische Druck. Eine wesentliche Veränderung der Profilbelastungsverteilung ist durch das gleichmäßige Sinken der Geschwindigkeiten auf beiden Seiten des Profils nicht zu erreichen. Die Reduzierung der maximalen Geschwindigkeit auf der Saugseite vermindert aber die zu bewältigende Verzögerung und kann so die Profilverluste verkleinern.

Insbesondere im Seitenwandbereich werden daher im Fall positiver V-Stellung eine Abschwächung der Sekundärströmungen und damit eine Verbesserung des Wirkungsgrads erwartet.

In ersten experimentellen Untersuchungen zum Einfluss der V-Stellung bestätigten Breugelmans *et al.* [9], dass ein stumpfer Winkel zwischen Saugseite und Seitenwand positiv für die Verluste ist. In einem Niedergeschwindigkeitswindkanal wurde eine über die Schaufelhöhe gleichförmige V-Stellung untersucht. Am Schaufelende mit positiver V-Stellung konnten durch die Unterdrückung der Eckenablösung die Randverluste reduziert werden, während der spitze Winkel zwischen Saugseite und Seitenwand am gegenüberliegenden Schaufelende die Eckenablösung deutlich verstärkte. Basierend auf diesen Ergebnissen führt Breugelmans [8] Versuche mit einer gekrümmten Fädelungslinie aus, so dass an beiden Seitenwänden positive V-Stellung vorhanden ist. Durch diese Anordnung lassen sich die Randverluste gegenüber einem geraden Gitter verringern, jedoch kommt es durch eine Stromröhrenaufweitung zu erhöhten Profilverlusten im Mittelschnitt.

Weingold *et al.* [84] zeigen an einem dreistufigen Verdichter eine Verbesserung des Gesamtwirkungsgrads von 1% bei Verwendung von Statoren, welche zu beiden Seitenwänden (Nabe und Gehäuse) eine positive V-Stellung aufweisen, wobei diese jeweils nur auf die äußeren 30% der Kanalhöhe angewendet wurden. Für derartig geformte Statoren führen die Autoren den Begriff „Bowed Stator“ ein. Im Rahmen dieser Arbeit wird der Begriff Bow daher analog zu V-Stellung bzw. Dihedral verwendet. LeJambre *et al.* [52] wendeten positive V-Stellung an beiden Seitenwänden der Statoren erfolgreich in einem 11-stufigen Hochdruckverdichter-Rig an. In einer detaillierten Parameterstudie zeigen Sasaki und Breugelmans [67], dass eine positive V-Stellung (in Kombination mit Pfeilung) die Verluste im Randbereich des Gitters senkt. Dabei ist die Größe des Winkels zwischen Saugseite der Schaufel und der Tangente der Gehäusekontur entscheidend für das Maß der Verlustreduktion. Gleichzeitig steigen jedoch die Verluste oberhalb der eingebrachten V-Stellung an. Diese Steigerung der Verluste hängt in den gezeigten Versuchen von der Ansatztiefe der V-Stellung ab, dass heißt von dem Abstand von der Seitenwand, ab dem die Fädelungslinie geneigt wird. Für den einstufigen Deverson-Verdichter in Cambridge zeigten Gallimore *et al.* [19], [20] numerisch als auch experimentell, dass positive V-Stellung die Eckenablösung am Rotor und Stator verringert, als auch die Blockage durch den Rotor-Radialspaltwirbel senken kann. Gümmer *et al.* [29] verdeutlichen den Nutzen von Pfeilung und V-Stellung an einem Stator im Eintrittsbereich des Kerntriebwerks des BR710 und somit die erfolgreiche Anwendung im realen Triebwerk.

Für die Statoren in all diesen Untersuchungen gilt, dass positive V-Stellung die Eckenablösung durch die entstehende zusätzliche radiale Schaufelkraft auf das Fluid vermindert, diese also an den festen Schaufelenden eingesetzt wurde. Es gibt nur wenige Untersuchungen mit Statoren ohne Deckband, an denen die Wirkung von V-Stellung auf den Radialspaltwirbel ersichtlich wird. In einem vierstufigen Niedergeschwindigkeitsverdichter wiesen Lyes und Ginder [54] eine leichte Verringerung der Verluste durch den Radialspaltwirbel am Stator ohne Deckband durch Einführung von V-Stellung, Pfeilung und einer Anpassung des Vorderkantenwinkels nach, deutlicher ließen sich jedoch die Verluste am festeingespannten Ende verringern. Neben diesen dominierenden Verbesserungen fanden die Autoren Gebiete höherer Verluste im Rotor über weite Teile der Kanalmitte und am Stator bei Abständen von 10-20% der Kanalhöhe von der Seitenwand, welche bedingt sind durch die höhere Belastung der Profile infolge der V-Stellung am Rand. Tschirner *et al.* [83] untersuchten Statoren mit 30° Neigung der Fädelungslinie in Umfangsrichtung an Gehäuse und Nabe, entsprechend positiver V-Stellung kombiniert mit negativer Pfeilung. Der Radialspaltwirbel an der Nabe dieser Statoren zeigte sich bei unterschiedlichen Spaltweiten nur geringfügig beeinflusst von der V-Stellung im Vergleich zur Referenzbeschaufelung. Am Gehäuse konnte hingegen eine deutliche Verkleinerung der Randverluste beobachtet werden. Da

Pfeilung vorwiegend bei transsonischen Rotorschaufeln zur Verminderung der Stoßverluste eingesetzt wird, findet es in dieser Arbeit keine weitere Berücksichtigung. Die Auswirkungen auf subsonische Statoren wird als gering betrachtet.

1.4 Zielstellung der aktuellen Untersuchung

In der vorliegenden Arbeit sollen zwei Fragestellungen untersucht werden. Zum Ersten, wie verhalten sich Statoren mit und ohne Deckband bei großen Spaltweiten. Zum Zweiten, wie können Statoren ohne Deckband möglichst unempfindlich gegenüber großen Radialspaltweiten gestaltet werden.

Die erste Fragestellung baut auf den bisher veröffentlichten direkten Vergleichen der beiden Bauformen mit identischer Profilierung der Schaufeln durch Freeman [18] und Swoboda *et al.* [80] auf. In beiden Fällen erfolgt der Vergleich für Niedergeschwindigkeitsverdichter, bei denen die Statoren aller Stufen jeweils mit bzw. ohne Deckband versehen waren. Solche Verdichter weisen am Eintritt typischerweise eine verhältnismäßig kleine Seitenwandgrenzschicht und niedrige Turbulenz auf. Die Verhältnisse entsprechen somit nicht den Anforderungen einer hinteren Stufe eines mehrstufigen Hochdruckaxialverdichters, in welchem hohe Turbulenz und bedingt durch die Sekundärströmungseffekte der vorangehenden Stufen hohe Seitenwandblockagen erwartet werden. In den aktuellen Experimenten sollen daher die ersten beiden Stufen des Versuchsverdichters genutzt werden um typische Bedingungen einer hinteren Stufe zu erzeugen, während die Untersuchung sich auf den dritten Stator und dessen Auswirkung auf den vierten Rotor konzentriert. Am dritten Stator werden so Varianten mit Radialspalt zur Nabe und mit einem Deckband bei einer Zuströmung mit hoher Blockage im nabenahen Bereich verglichen.

Aus den Daten von Freeman [18] wird deutlich, dass Statoren mit Radialspalt zur Nabe nur bei kleinen Spaltweiten den Varianten mit Deckband überlegen sind. Bedingt durch die Forderung nach höheren Gesamtdruckverhältnissen für die Verdichter von Triebwerken und Gasturbinen, verringert sich in den nächsten Jahren die Kanalhöhe in den letzten Stufen weiter. Damit verbunden ist ein Anstieg der relativen Spaltweite zwischen rotierenden und stehenden Bauteilen, da sich der minimal erreichbare Spalt aufgrund der thermischen Ausdehnung der Bauteile bei transientem Betrieb der Anlage kaum verringern lässt. Folglich werden Spaltweiten erreicht, die durch die oben genannten Versuche nicht abgedeckt sind. Statoren ohne Deckband, welche kostengünstiger in der Fertigung und Wartung sind, sollten in diesem Bereich nach Freeman [18] starke Wirkungsgradeinbußen verzeichnen. Daher soll im zweiten Teil untersucht werden, wie derartige Statoren gestaltet werden können, um die Sensitivität gegenüber großen Spaltweiten zu verringern.

Für Statoren mit Deckband wird hier eine derartige Untersuchung nicht durchgeführt. Die in Abschnitt 1.2 diskutierten umfangreichen Untersuchungen zu Statoren mit Deckband zeigen eine Vielzahl potentieller Verbesserungsmöglichkeiten durch Fortschritte der Dichtungstechnologie, Nutzung des rezirkulierenden Massenstroms zur Beeinflussung der Sekundärströmung oder aktiver Strömungsbeeinflussung. Weiterhin wurde in einer Vielzahl von Versuchen gezeigt, dass eine positive V-Stellung den Stator am Deckband als auch am Gehäuse entlasten kann, vergleiche Abschnitt 1.3.

In den beiden folgenden Kapiteln werden zunächst die experimentellen und numerischen Methoden zur Untersuchung der Fragestellungen vorgestellt. Anschließend wird in Kapitel 4 der Vergleich von Statoren mit und ohne Deckband diskutiert. Die Auslegung und Validierung einer neuen Gestaltung für Statoren mit Radialspalt speziell für große Spaltweiten wird in Kapitel 5 gezeigt.

2 Niedergeschwindigkeitsverdichter und Messtechnik

2.1 Allgemeiner Aufbau des Niedergeschwindigkeitsverdichters

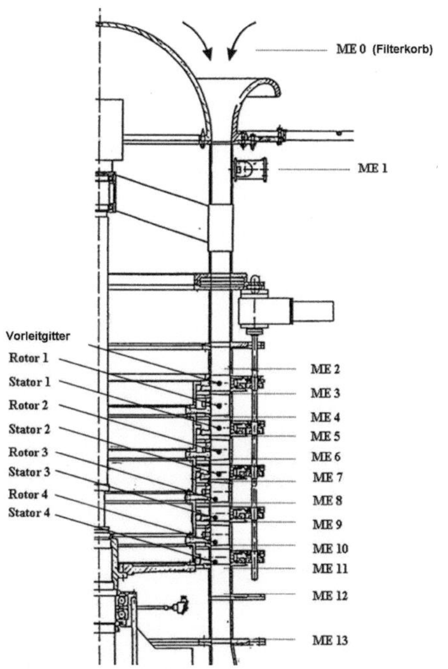

Abb. 2.1: Schnittzeichnung des Verdichters mit Position der Messebenen

Die experimentellen Untersuchungen dieser Arbeit wurden am Niedergeschwindigkeitsverdichter (NGV) an der Technischen Universität Dresden durchgeführt. Versuche an derartigen Verdichtern sind seit Jahrzehnten gängige Praxis (Wisler [88]) und zeichnen sich durch die Vorteile der hohen Genauigkeit der Messung, der vernachlässigbar geringen Blockage durch die Sonde und der Möglichkeit die Beschaufelung zu instrumentieren aus. Aufgrund der niedrigen Umfangsgeschwindigkeit besteht keine Möglichkeit gasdynamische Effekte zu vermessen. Diesem Nachteil stehen die Verwendung von kostengünstigeren Materialien und insgesamt niedrigere Versuchskosten im Vergleich zu Hochgeschwindigkeitsverdichtern gegenüber. Der hier verwendete Verdichter wurde 1995 in Betrieb genommen (Sauer *et al.* [69]). Die dabei verwendete Beschaufelung dient in den hier durchgeführten Versuchen als Referenzbeschaufelung. Die Auslegung erfolgte durch MTU Aero Engines und modelliert die mittleren Stufen eines Hochdruckverdichters. Diese Profilierung ist im Rahmen der ersten Messkampagne für den Vergleich von Statoren mit und ohne Deckband verwendet worden. Detaillierte Daten zum Referenzaufbau können Boos *et al.* [5] und Künzelmann *et al.* [43] entnommen werden. Der vierstufige Aufbau des Verdichters und die Bezeichnung der Messebenen wird in Abb. 2.1 veranschaulicht. Einige wichtige Kenngrößen sind in Tabelle 2.1 zusammengefasst. Für die Durchführung von Versuchsreihen mit unterschiedlichen Spaltweiten an den Statoren ist die vertikale Aufstellung des Verdichters besonders vorteilhaft. Neben der guten messtechnischen Zugänglichkeit und schnellen Montage, kommt es zu keiner Läuferdurchbiegung und somit zu annähernd konstanter Radialspaltweite über dem Umfang.

Tabelle 2.1: Daten der Referenzbeschaufelung

Außendurchmesser	1500mm	Massenstrom, AP	$\dot{m}$ =25.35kg/s
Nabendurchmesser	1260mm	Durchsatzkoeffizient, AP	$\phi_P = 0.553$
Nabenverhältnis	0.84	Druckkoeffizient, AP	$\psi_{is} = 0.794$
Schaufelhöhe	120mm	Reynoldszahl Rotoreintritt, MS	$\mathrm{Re} = 5.7 \cdot 10^5$
Anzahl Leitschaufeln	83	Machzahl Rotoreintritt, MS	$\mathrm{Ma} = 0.22$
Anzahl Laufschaufeln	63	Druckverhältnis, AP	$\pi = 1.11$
Anzahl Vorleitschaufeln	51	Wirkungsgrad, AP	$\eta = 0.902$
Sehnenlänge Rotor	110mm	Radialspalt Rotor	1.5mm
Sehnenlänge Stator	89mm	Radialspalt Stator	1.8mm

MS: Mittelschnitt
AP: Auslegungspunkt

2.2 Messtechnik am Niedergeschwindigkeitsverdichter

Im Rahmen dieses Projektes wurde mit stationärer Messtechnik die Auslegungsdrehzahllinie, das Strömungsfeld in den axialen Zwischenräumen der Schaufelreihen und das statische Druckfeld auf den Statoren der dritten Stufe vermessen. Details zu allen verfügbaren Sonden und der Auswertung der Messdaten können Müller *et al.* [58] entnommen werden. In diesem Kapitel soll lediglich auf die für diese Arbeit relevante Messtechnik eingegangen werden.

Für die Verdichterkennlinie wurde auf die umfangreiche fest installierte Messtechnik in Form von Pitotsonden, Wanddruckbohrungen, Temperatursonden und der Drehmomentenmesswelle zurückgegriffen. Für die Ermittlung der Kenngrößen Wirkungsgrad, Massenstrom und Druckaufbau, deren Berechnung in Abschnitt 2.3.2 erläutert wird, werden die Totaldrücke im Filterkorb (Messebene 0), statische Wanddrücke in Messebene 1, 2 und 13 verwendet. Alle Drücke werden über ein Druckerfassungssystem von Scanivalve mit einer Genauigkeit von kleiner ±11.5Pa gemessen. Die notwendigen Temperaturen zur Bestimmung der Dichte in Zu- und Abströmung, sowie zur Normierung des Betriebspunktes werden über Widerstandsthermometer in der Zuströmung und Thermoelemente von Typ J am Diffusoreintritt (ME13) erfasst. Aufgrund des geringen Druck- und Temperaturaufbaus ist die Bestimmung des Wirkungsgrads ausschließlich auf der Basis von Druck- und Temperaturmessungen mit sehr großen Fehlern behaftet. Alternativ kann die aufgebrachte Leistung über das Drehmoment und die Drehzahl ermittelt werden. Am NGV wird daher eine Drehmomentenmesswelle T30FN inklusive Messverstärker von Hottinger Baldwin Messtechnik (HBM) verwendet, welche gemäß Werkskalibrierschein nach DIN ISO 10012 eine Messunsicherheit von $\Delta M = \pm 2\mathrm{Nm}$ im interessierenden Messbereich aufweist. Durch Bogenzahnkupplungen wird die biegefreie Einleitung des Momentes sowie der Ausgleich von Fluchtfehlern ermöglicht.

Die Ermittlung detaillierter Strömungsfelder erfolgt mit einer Fünflochsonde. Die standardmäßig verwendete Sonde ist in Abb. 2.2 ersichtlich. Sie besitzt einen kugelförmigen Kopf mit 2mm Durchmesser, in dem eine zentrale Druckbohrung in der Schaftachse und vier um jeweils 90° versetzte und unter einem Winkel von 50° gefertigte Druckbohrungen angebracht sind. Die Druckbohrungen haben einen Durchmesser von 0.3mm und sind senkrecht zur Kugeloberfläche gebohrt. Bei der Messung des Strömungsfelds in den axialen Zwischenräumen der Schaufelreihen wird die Sonde von einer Verstelleinrichtung in radialer Richtung positioniert und auf den lokalen Strömungswinkel eingedreht.

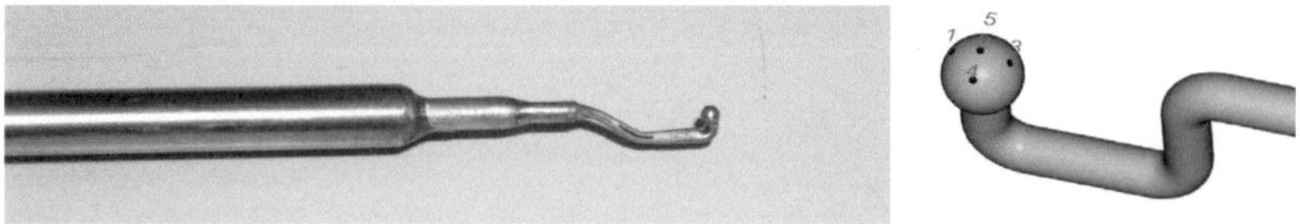

Abbildung 2.2: Fünflochsonde mit Kugel in der Drehachse und schematische Darstellung des Sondenkopfes

Die Positionierung in Umfangsrichtung wird über eine synchrone Verstellung aller Leitgitter inklusive Vorleitgitter realisiert. Die Messung erfolgt nach dem abgleichenden Verfahren, bei dem die Druckdifferenz zwischen den Bohrungen 4 und 5 in Umfangsrichtung durch Eindrehen der Sonde minimiert wird. Bei einer Druckdifferenz kleiner als ±3Pa werden alle 5 Drücke der Sonde separat gemessen. Aus einer geschwindigkeitsabhängigen Kalibrierung können dann Totaldruck, statischer Druck, Geschwindigkeitskomponenten und Strömungswinkel berechnet werden. Über dieses Verfahren wird eine vergleichsweise hohe Genauigkeit der Messwerte zu Lasten einer längeren Messzeit sichergestellt. Die Messebenen stromab der Rotoren befinden sich axial gemessen 20.5% der Rotor-Sehnenlänge nach der Hinterkante und bei den Statoren ca. 15% der Stator-Sehnenlänge stromab der Hinterkante.
Die Profildruckverteilung auf der Schaufel gibt Aufschluss über die Belastung und mögliche Ablösegebiete. Innerhalb der vorliegenden Arbeit wurden Druckverteilungen für ausgewählte Radien auf dem dritten Stator ermittelt. Dazu werden kleine Bohrungen in die Schaufeloberfläche eingebracht. Unter der Annahme, dass sich der statische Druck über die Grenzschicht nicht ändert (Prandtl'sche Grenzschichttheorie [64]), wird in den Wandbohrungen der statische Druck der ungestörten Strömung gemessen. Die Güte dieser Messungen hängt in erheblichem Maße von der herstellungsbedingten Genauigkeit der Wandbohrungen und Verunreinigungen ab. Diese Fehlerquellen werden detailliert von Nitsche [59] diskutiert. Druckmessschaufeln werden mit je einer Reihe Druckmessbohrungen auf konstantem Radius auf Saug- oder Druckseite ausgeführt. Da eine Messung auf beiden Seiten ein und derselben Schaufel nicht möglich ist, werden zwei Schaufeln mit Bohrungen je auf einer Seite ausgeführt. Sie werden im Verdichter so verbaut, dass sie die Strömung in der gleichen Schaufelpassage vermessen.

2.3 Auswertungsmethoden und Analyse der Messergebnisse

Innerhalb von Abschnitt 2.3 werden die wesentlichen, verwendeten Auswertemethoden vorgestellt. Zunächst müssen die gewonnenen Messdaten auf einheitliche Eintrittsbedingungen normiert werden um Schwankungen aufgrund von Witterungseinflüssen zu eliminieren. Dies schließt die Ermittlung des normierten Durchsatzes ξ und der normierten Drehzahl ζ_D, über welche ein Betriebspunkt definiert wird, ein. Anschließend wird auf die Berechnung der Größen für die Kennfelddarstellung des Verdichters eingegangen. Weiterhin soll ein Überblick über die Auswertung der Strömungsfeldmessung und Aufbereitung der Druckverteilungen gegeben werden. Abschließend wird zur Einordnung der Qualität der gewonnenen Messdaten eine Übersicht zu Messfehlern aufgeführt. Innerhalb der folgenden Gleichungen werden unterschiedliche Indizes verwendet. Bei globalen Größen wie Druckverhältnis oder Wirkungsgrad erfolgt eine Indizierung entsprechend den Messebenen (Abb. 2.1). Im Rahmen der Auswertung der Fünflochsondenmessungen wird sondenbezogen indiziert (Abb. 2.2). Bei der Definition von Verlusten und ähnlichen Größen, bei denen Messwerte aus mehreren Messebenen einer Stufe verarbeitet werden, entsprechen die Indizes der Nomenklatur einer Stufe: 1 - vor Rotor; 2 - nach Rotor; 3 - nach Stator.

2.3.1 Normierung der Messwerte

Eine Normierung der Messwerte ist notwendig, da der Verdichter Luft aus der Umgebung ansaugt, welche den Schwankungen der Witterungsverhältnisse ausgesetzt ist. Durch die Definition geeigneter Verhältnisse wird eine Vergleichbarkeit der Messungen bei unterschiedlichen Bedingungen gewährleistet. Dabei wird in einer Art normiert, dass die Machzahl gebildet mit der Umfangsgeschwindigkeit konstant bleibt. Grundlage dieser Art der Normierung ist die Kenntnis, dass die Belastung von den Inzidenzen, also den Geschwindigkeitsdreiecken, bestimmt wird. Bei verschiedenen Temperaturen und Umgebungsdrücken werden durch die verschiedenen Dichten unterschiedliche Geschwindigkeiten im Verdichter erreicht. Die Umfangsgeschwindigkeit (Drehzahl) ist daran anzupassen. Der Normzustand am Eintritt des Verdichters (ME0) ist mit $T_{t0,norm} = 288.15\text{K}$ und $p_{t0,norm} = 101325\text{Pa}$ definiert. Die Bestimmung der örtlichen Zustandsgrößen erfolgt mittels eines Stoffwertprogramms auf Basis der VDI Richtlinie 4670. Die Luftfeuchte hat einen untergeordneten Einfluss und wird in der Auswertung nicht berücksichtigt.

- Normierung der Totaltemperatur:

$$T_{t,norm} = T_t \cdot \frac{T_{t0,norm}}{T_{t0}} \tag{2.1}$$

- Normierung der Drücke: $(p_1 \dots p_5,\, p_t,\, p)$:

$$p_{norm} = p \cdot \frac{p_{t0,norm}}{p_{t0}} \tag{2.2}$$

- Normierung der Drehzahl:

$$\zeta_D = \left(\frac{n}{\sqrt{T_{t0}}}\right) / \left(\frac{n}{\sqrt{T_{t0}}}\right)_{AP} \tag{2.3}$$

  Der Drehzahlkennwert ζ_D des Verdichters wird durch das Steuer- und Messprogramm während der Messungen konstant gehalten.

- Normierung des Massenstromes:
  Die Verteilung des Totaldruckes und damit verbunden der Geschwindigkeit über Radius und Umfang des Verdichters am Einlauf wurden nach dessen Inbetriebnahme sorgfältig vermessen und daraus eine Kalibrierkurve für den angesaugten Massenstrom ermittelt (Sauer *et al.* [69]). Der Kalibrierfaktor (Gleichung (2.4)) ist in Anlehnung an die Definition des reduzierten Massenstromes auf den Totaldruck und die Totaltemperatur am Verdichtereintritt (ME 0 und 1) bezogen.

$$A \cdot \dot{m}_{red} = f\left(\frac{p_{t,0}}{p_1}\right) \qquad \dot{m} = \frac{p_{t,0}}{\sqrt{T_{t,0}}} \cdot [A \cdot \dot{m}_{red}] \tag{2.4}$$

  Aus dem so bestimmten Massenstrom und der in Messebene 0 gemessenen Totaltemperatur lässt sich nach Gleichung (2.5) der auf den Auslegungsmassenstrom bezogene Durchsatz ξ berechnen.

$$\xi = \left(\frac{\dot{V}_t}{\sqrt{T_{t0}}}\right) / \left(\frac{\dot{V}_t}{\sqrt{T_{t0}}}\right)_{AP} \qquad \frac{\dot{V}_t}{\sqrt{T_{t0}}} = \frac{\dot{m}}{\sqrt{T_{t0}} \cdot \rho_{t0}} \tag{2.5}$$

2.3.2 Kennfeld

Das Verhalten der gesamten Beschaufelung im Verdichter wird durch das Verdichterkennfeld charakterisiert. Für einen konstanten Drehzahlwert ζ_D wird die Ringdrossel am Austritt des Verdichters sukzessive geschlossen und so für eine Drehzahllinie das Druckverhältnis und der Wirkungsgrad bestimmt. Die Leitgitterringe werden dabei für jede Drosselstellung mit einer Schrittweite von 0.149° über zwei Statorteilungen (hier je 4.33°) verdreht. Somit stehen für die Ermittlung eines Betriebspunktes 57 Messwerte in Umfangsrichtung zur Verfügung. Innerhalb der vorliegenden Arbeit wurden ausschließlich die Kennlinien für die Auslegungsdrehzahl vermessen. Der Auswertungsalgorithmus ist im Detail in Müller *et al.* [58] beschrieben. Die wesentlichen Kenngrößen sind wie folgt definiert:

$$\text{Druckverhältnis} \qquad \pi = \frac{p_{t,13}}{p_{t,2}} \tag{2.6}$$

$$\text{Leistung(mechanisch)} \qquad P_M = M_{korr} \cdot 2 \cdot \pi \cdot n \quad \text{mit } M_{korr} = f(n, \xi, M) \tag{2.7}$$

$$\text{Wirkungsgrad(mechanisch)} \qquad \eta_M = \frac{\dot{m} \cdot (h_{t,s,13} - h_{t,2})}{P_M} \tag{2.8}$$

Für die Berechnung des Druckverhältnisses müssen die Totaldrücke am Ein- und Austritt des Verdichters aus den statischen Wanddrücken in Messebene 2 und 13 berechnet werden, da keine gemessenen Totaldrücke vorliegen. Dies erfordert eine iterative Berechnung auf Basis der gemessenen Totaltemperatur, des Massenstroms und des statischen Druckes ([89]).

$$p_t = f(T_t, p, \dot{m})$$

Auf Basis dieser Werte wird auch die isentrope Enthalpiedifferenz $(h_{t,s,13} - h_{t,2})$ für die Bestimmung des Wirkungsgrads ermittelt. Diese wird ins Verhältnis gesetzt zur mechanischen Leistung P_M. Das gemessene Drehmoment wird dafür mit dem experimentell ermittelten Reibmoment (Lager- und Luft-Wandreibung, vgl. [68]) korrigiert und ergibt mit der Drehzahl die mechanische Leistung des Verdichters.

2.3.3 Strömungsfeldmessung an der Stufe

Das Strömungsfeld wird, wie oben beschrieben, mit einer Fünflochsonde in den axialen Freiräumen zwischen den Schaufelreihen im stationären System gemessen. Dabei setzt sich das Messraster aus mindestens 21 Radien zusammen. Auf diesen wird die Sonde traversiert und anschließend die Leitgitter relativ zu ihr mit einer Schrittweite von 0.5 . . . 0.05°, abhängig vom lokalen Gradienten des Totaldruckes, verstellt. Die Radien sind, den auftretenden Gradienten entsprechend, an den Seitenwänden

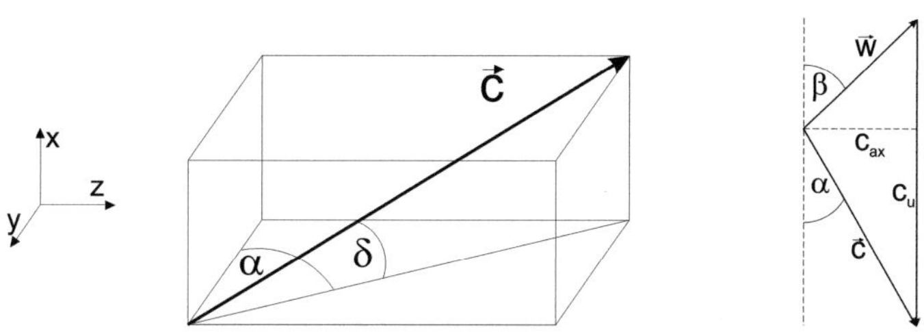

Abbildung 2.3: Definition der Strömungswinkel

enger verteilt. Die Bestimmung der Drücke, Geschwindigkeiten und Strömungswinkel für jeden Punkt erfolgt mit normierten Drücken und Temperaturen auf Basis von Kalibrierfunktionen. Ausführlich ist die Kalibrierung und Auswertung der Messdaten durch Müller *et al.* [58] dokumentiert. Abbildung 2.3 veranschaulicht die in dieser Arbeit verwendeten Winkeldefinitionen.

Die so ermittelten Daten können zweidimensional als Druckverteilung dargestellt werden oder durch eine Teilungsmittelung auf konstanten Radien zu einer radialen Verteilung der Strömungsgrößen reduziert werden. Für die Mittelung stehen verschiedene Algorithmen zur Verfügung. Die in dieser Arbeit diskutierten teilungsgemittelten Verteilungen der Strömungsgrößen zeigen den flächengemittelten Totaldruck, die axiale Geschwindigkeitskomponente gemittelt unter Berücksichtigung des Impulserhaltungssatzes und den daraus ermittelten, absoluten Strömungswinkel.

Für die detaillierte Darstellung und Interpretation der Messungen wird das über eine Statorteilung ermittelte Strömungsfeld in Umfangsrichtung dupliziert. Da für die verwendete Schaufelzahl von Vorleitgitter und Stator keine Periodizität für eine Statorteilung gegeben ist, sind kleine Unstetigkeiten zu erkennen. Der Totaldruck wird in den Abbildungen in normierter Form dargestellt. Für die Normierung wird der teilungsgemittelte statische und dynamische Druck im geometrischen Mittelschnitt, d.h. bei Radius $R = 690$mm, verwendet.

$$c_p = \frac{p_t - \overline{p}_{MS}}{\overline{p}_{dyn,MS}} \tag{2.9}$$

Durch die Grenzschichtentwicklung an den Seitenwänden und Schaufelprofilen, sowie Sekundärströmungen entstehen Seitenwand-, Profil- sowie Sekundärverluste. Diese sind integral als Totaldruckverlust aus den Strömungsfeldmessungen mittels Fünflochsonde bestimmbar und werden auf den dynamischen Druck am Eintritt des Bilanzraumes bezogen. Für eine aussagefähige Darstellung ist es erforderlich, die Differenz aus den Totaldrücken an den Bilanzgrenzen auf derselben Stromlinie zu bilden. Unter Verwendung der Nomenklatur einer Stufe gelten für die Verluste über Rotor und Stator:

$$\zeta_{Rotor}(r_2) = \frac{\overline{p}_{t,rel,1}(r_1) - \overline{p}_{t,rel,2}(r_2)}{\overline{p}_{dyn,rel,1}(r_1)} \quad \text{mit} \int_{r_{Nabe}}^{r_1} \mathrm{d}\dot{m} = \int_{r_{Nabe}}^{r_2} \mathrm{d}\dot{m} \tag{2.10}$$

$$\zeta_{Stator}(r_3) = \frac{\overline{p}_{t,2}(r_2) - \overline{p}_{t,3}(r_3)}{\overline{p}_{dyn,2}(r_2)} \quad \text{mit} \int_{r_{Nabe}}^{r_2} \mathrm{d}\dot{m} = \int_{r_{Nabe}}^{r_3} \mathrm{d}\dot{m} \tag{2.11}$$

Für die Berechnung der Verluste werden teilungsgemittelte Drücke, abgeleitet aus massenstromgemittelter Enthalpie und Entropie, verwendet. Sie werden in Müller [58] als energetisch gemittelte Drücke bezeichnet. Nach Cumpsty und Horlock [13] sind diese Werte geeignet für die korrekte Bestimmung der Verluste.

Um die Belastung der einzelnen Schaufelreihen zu bewerten, bietet sich das Kriterium der Diffusionszahl D nach Lieblein und Johnsen [53] an. Dieses Kriterium zeigt sowohl die Gefahr der Strömungsablösung an Nabe und Gehäuse, als auch die Neigung der Strömung an der Schaufeloberfläche abzulösen an. Es ergeben sich für Rotor und Stator folgende Definitionen unter Beachtung der Nomenklatur für eine Stufe.

$$D = 1 - \frac{\overline{w}_2}{\overline{w}_1} + \frac{\overline{w}_{u2} - \overline{w}_{u1}}{2\ (l/t)\ \overline{w}_1} \qquad \text{Rotor} \tag{2.12}$$

$$D = 1 - \frac{\overline{c}_3}{\overline{c}_2} + \frac{\overline{c}_{u3} - \overline{c}_{u2}}{2\ (l/t)\ \overline{c}_2} \qquad \text{Stator} \tag{2.13}$$

2.3.4 Druckverteilungen

Auf bis zu sieben unterschiedlichen Radien wurden die Druckverteilungen auf der saug- und druckseitigen Profiloberfläche der Leitschaufeln ermittelt. Die Druckverteilung kann durch Einführung des Druckbeiwertes $c_{p,Stator}$ dimensionslos dargestellt werden:

$$c_{p,Stator} = \frac{p - \overline{p}_{2,MS}}{\overline{p}_{dyn,2,MS}} \tag{2.14}$$

Dabei dient zur Normierung der teilungsgemittelte, statische und dynamische Druck aus der Fünflochsondenmessung in der Zuströmung zum jeweiligen Stator (Index 2). Bei den hier betrachteten Profildruckverteilungen auf dem dritten Stator also Messwerte aus Messebene 8 nach dem dritten Rotor.

2.3.5 Betrachtung der Messgenauigkeit

Zur Einschätzung der Qualität der durchgeführten Messungen und der Relevanz deren Interpretation ist die Berücksichtigung der Messgenauigkeit von entscheidender Bedeutung. Innerhalb der Betrachtung der Messgenauigkeit werden die möglichen Fehler in grobe, systematische und zufällige Fehler unterschieden. Während grobe Fehler häufig als sogenannte „Ausreißer“ zu erkennen sind und durch sorgfältige Messung und Kontrolle vermieden werden können, sind systematische Fehler durch Instrumentenfehler und hinterlegte Kalibrierungen und zufällige Fehler zum Beispiel durch die Anzeigegenauigkeit oder Messgenauigkeit einzelner Messgeräte nur bedingt zu minimieren. Für die verschiedenen Standardmessverfahren am Niedergeschwindigkeitsverdichter wurden daher ausführliche Fehlerbetrachtungen durchgeführt. Diese beruhen zumeist auf dem Gauß'schen Fehlerfortpflanzungsgesetz. Hierzu wird definiert, dass die Messgröße x mit dem zufälligen Fehler Δx behaftet ist. Die aus verschiedenen Messgrößen ermittelte Größe y lässt sich wie folgt ausdrücken.

$$y = f(x_1, x_2, \ldots, x_n) \tag{2.15}$$

Um den Fehler der Größe y zu ermitteln, ist es notwendig, die partiellen Ableitungen nach den einzelnen Messgrößen x_i zu bilden und mit dem jeweiligen absoluten Fehler zu multiplizieren. Zur Bildung des maximalen Fehlers der Größe y werden die Beträge der partiellen Fehler addiert:

$$\Delta y_{max} = \left|\Delta x_1 \cdot \frac{\partial f}{\partial x_1}\right| + \left|\Delta x_2 \cdot \frac{\partial f}{\partial x_2}\right| + \ldots + \left|\Delta x_n \cdot \frac{\partial f}{\partial x_n}\right| \tag{2.16}$$

Der statistische Fehler von y wird durch Addition der Fehlerquadrate bestimmt:

$$\Delta y_{stat} = \sqrt{\left(\Delta x_1 \cdot \frac{\partial f}{\partial x_1}\right)^2 + \left(\Delta x_2 \cdot \frac{\partial f}{\partial x_2}\right)^2 + \ldots + \left(\Delta x_n \cdot \frac{\partial f}{\partial x_n}\right)^2} \tag{2.17}$$

Auf Basis dieser Gleichungen wurde die Fehlerfortpflanzung der Messgrößen auf die errechneten Strömungsgrößen analysiert. Als wichtigste Messaufgaben innerhalb dieser Arbeit sind die Kennlinien- und Fünflochsondenmessung zu nennen. Eine detaillierte Ausführung zur Fehlerfortpflanzung findet sich in [57] und [92] für das Kennfeld und in [33] und [46] für die Fünflochsonde. Eine Aufstellung der wichtigsten maximalen Fehler und der dazugehörigen statistischen Fehlergrenzen finden sich in Tabelle 2.2 für die Kennlinien und Tabelle 2.3 für die Fünflochsondenmessungen.

Für die hier diskutierten Kennlinienmessungen ist der statistische Fehler als Maß für die Messunsicherheit relevant. Dies begründet sich in der Mittelung von 57 Submesspunkten für einen Betriebspunkt.

Tabelle 2.2: Maximale und statistische Fehlergrenzen für Größen des Kennlinie bei Auslegungsdrehzahl

Größe	Einheit	maximaler Fehler	statistischer Fehler
ζ_D	%	0.55	0.52
ξ	%	0.85	0.13
π	%	0.005 - 0.02	0.001 - 0.002
η	%	0.7 - 1.2	0.1 - 0.2

Tabelle 2.3: Maximale und statistische Fehlergrenzen für Fünflochsondenmessung

Größe	Einheit	maximaler Fehler	statistischer Fehler
p_t	Pa	10.6	6.5
p	Pa	12	5.7
p_{dyn}	Pa	8.3	4.2
$p_{t,rel}$	Pa	23.4	11.8
c_{ax}	m/s	0.20	0.11
c_u	m/s	0.19	0.10
c_r	m/s	0.13	0.13
u	m/s	0.06	0.04
ρc_{ax}	$kg/(m^2 \cdot s)$	0.41	0.25
α	°	0.13	0.10
β	°	0.19	0.13

Die so erreichten Werte sind in ähnlicher Größenordnung wie für vergleichbare Versuchsaufbauten (z. B. Wisler [88]). Die in Tabelle 2.3 dokumentierten Fehler sind repräsentativ für eine Messung in der dritten Stufe des NGV für die Referenzbeschaufelung. Bei der Fünflochsondenmessung sind die maximalen Fehler relevant, wenn zweidimensionale Verteilungen der Strömungsgrößen betrachtet werden. Für die Bewertung von teilungsgemittelten Größen ist aufgrund der Vielzahl von Messpunkten für einen Radius der statistische Fehler ausschlaggebend. Abgeleitet aus den Messergebnissen der Fünflochsondenmessung werden die Verlustbeiwerte und Belastungskennzahlen berechnet. Diese nutzen als Basis die teilungsgemittelten Druck- und Geschwindigkeitsverteilungen. Daher wurden für die Fehlerrechnung die statistischen Fehler aus der obigen Tabelle verwendet. Für die Totaldruckverluste ergibt sich eine statistische Messunsicherheit von $\Delta\zeta = \pm 0.4\%$ für Statoren und $\Delta\zeta = \pm 0.5\%$ für Rotoren. Für die in den Gleichungen 2.12 und 2.13 definierte Diffusionzahl ergibt sich eine statistische Messunsicherheit von $\Delta D = \pm 0.003$ für den dritten Stator und $\Delta D = \pm 0.004$ für die Rotoren.

2.4 Experimentell untersuchte Aufbauten

Innerhalb des Projektes wurden in einer ersten Messkampagne Variationen an der Standardbeschaufelung durchgeführt. Mit der Zielstellung, basierend auf der gleichen Beschaufelung Statoren mit und ohne Deckband zu vergleichen, wurden in der ersten Konfiguration - Aufbau 16 - mehrere Kombinationen

von Radialspalten unter den Statoren ohne Deckband untersucht. In der Folge wurde unter dem dritten Stator ein Deckband installiert und im Aufbau 17 drei Dichtspaltweiten im Deckband realisiert.
Die Ergebnisse dieser Messreihen flossen in die Auslegung einer neuen Beschaufelung ein. Diese Beschaufelung wurde im Aufbau 20 innerhalb einer zweiten Messkampagne vermessen. Die Statoren wiesen hierbei Radialspalte zur Nabe auf, deren Spaltweite wiederum variiert wurde.

2.4.1 Referenz-Statoren ohne Deckband - Aufbau 16

Der Aufbau 16 entspricht in seiner grundlegenden Form dem Referenzaufbau des Niedergeschwindigkeitsverdichters. Er besteht aus einem Vorleitgitter von 51 Schaufeln und 4 Repetierstufen aus je 63 Rotorschaufeln und 83 Statorschaufeln der Auslegung MTU-705. Die Beschaufelung wurde von MTU Aero Engines im Rahmen der Konstruktion des Niedergeschwindigkeitsverdichters als Variante für Statoren mit Deckband ausgelegt. Nach den ersten Messungen an dieser Beschaufelung mit Deckband im Aufbau 01 wurden die Deckbänder entfernt und die gleiche Beschaufelung mit Statoren mit 1.8mm Radialspalt zur Nabe als Aufbau 02 vermessen. Diese Geometrie gilt als Referenz für alle Versuche am NGV. Sie ist mit dazugehörigen Messergebnissen in Boos *et al.* [5] und Künzelmann *et al.* [43] veröffentlicht.
Im Rahmen der hier betrachteten Messungen wurde zunächst die Referenz (Aufbau 02) erneut aufgebaut und vermessen. Dabei besitzen die Rotoren einen Radialspalt von 1.5mm zum Gehäuse, das entspricht 1.25% der Kanalhöhe bzw. ca. 1.3% der Sehnenlänge im Außenschnitt. Die Statoren sind ohne Deckband mit einem Radialspalt von 1.8mm zur Nabe eingebaut, das entspricht 1.5% der Kanalhöhe bzw. 2.0% der Sehnenlänge. Das Vorleitgitter ist in allen Aufbauten mit einem Deckband versehen. Dieser Aufbau dient als Referenz für den Vergleich mit bisherigen und zukünftigen Messkampagnen und ist als Aufbau 16-01 bezeichnet. Im weiteren Verlauf des Projekts sollten Statoren ohne Deckband unter möglichst realistischen Randbedingungen einer hinteren Stufe eines Hochdruckverdichters untersucht werden. Die in Abschnitt 4.2.1 beschriebenen Voruntersuchungen zeigen auf, dass eine Erhöhung der nabenseitigen Seitenwandblockage erforderlich war. Dazu wurden über den ersten zwei Statorreihen die Radialspalte auf 4.8mm erhöht, um so die gewünschte Zuströmung zur dritten Stufe zu erreichen. Die Radialspalte über den Statoren der Stufe 3 und 4 wurden anschließend kontinuierlich von 1.8mm ausgehend erhöht bis 6.0mm. Eine Übersicht der Aufbauten gibt Tabelle 2.4.

Tabelle 2.4: Spaltweiten über den Statoren für Messkampagne Aufbau 16

Aufbau	Stator 1	Stator 2	Stator 3	Stator 4	Bezeichnung
16-01	1.8mm	1.8mm	1.8mm	1.8mm	Referenz
16-02	4.8mm	4.8mm	1.8mm	1.8mm	$\tau/s = 1.5\%$
16-03	4.8mm	4.8mm	3.0mm	3.0mm	$\tau/s = 2.5\%$
16-04	4.8mm	4.8mm	4.8mm	4.8mm	$\tau/s = 4.0\%$
16-05	4.8mm	4.8mm	6.0mm	6.0mm	$\tau/s = 5.0\%$

2.4.2 Referenz-Statoren mit Deckband - Aufbau 17

Im Aufbau 17 wurde der dritte Stator ausgetauscht und mit einem Statorring mit Deckband versehen. Die Statorschaufeln wurden an der Nabe mit Fillets, welche einen Radius von 8.0mm (8.9% der Sehnenlänge) besitzen, ausgestattet. Die Statoren der ersten und zweiten Stufe wurden zwecks identischer Zuströmrandbedingungen analog den Aufbauten 16-02 bis -05 mit 4.8mm Radialspalt verwendet.

Tabelle 2.5: Spaltweiten im Deckband des dritten Stators für Messkampagne Aufbau 17

Aufbau	Spaltweite im Deckband	$\tau/s[\%]$
17-01	2.1mm	1.6
17-02	1.2mm	1.0
17-03	4.0mm	3.3

Der vierte Stator wurde mit 6.0mm Spaltweite analog dem Aufbau 16-05 belassen. Eine wesentliche Stromaufwirkung dieses großen Radialspalts über den vierten Rotor auf den dritten Stator kann aus den gewonnenen Messdaten ausgeschlossen werden. Über den axial verschiebbaren Ring am Rotor lässt sich der Spalt zwischen Rotor und Statordeckband einstellen (Abb. 2.4). Es wurden Spaltweiten τ von 1.2mm, 2.1mm und 4.0mm für die Messungen eingerichtet. Die Zuordnung zu der Bezeichnung der Messaufbauten ist in Tabelle 2.5 aufgezeigt. Auf den Einsatz der sonst üblichen Labyrinthdichtung mit drei Dichtspitzen im Spalt wurde zugunsten zusätzlicher Messtechnik verzichtet. Abweichend von den standardmäßigen Messebenen wurde in dem Axialspalt zwischen dem dritten Rotor und Stator in zwei Messebenen stromauf (ME8a) und stromab (ME8b) der Kavitätsöffnung gemessen. Die Differenz zwischen beiden Messebenen ermöglicht Aussagen zum Einfluss des Kavitätsmassenstroms auf die Zuströmung zum dritten Stator. Eine Berechnung des Massenstroms aus den Fünflochsondenmessungen ist aufgrund der Messungenaugigkeit nicht aussagekräftig möglich.

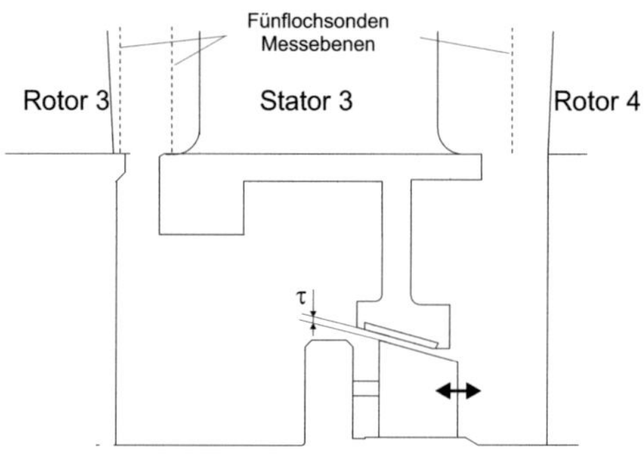

Abbildung 2.4: Skizze der Statordeckbandkavität

2.4.3 Neuauslegung für Statoren mit großen Radialspalten - Aufbau 20

Auf Basis der Referenzversuche wurde von MTU Aero Engines eine neue Beschaufelung ausgelegt, deren Statoren eine geringere Sensitivität gegenüber großen Radialspaltweiten aufweisen sollen. Die Auslegung wird in Abschnitt 5.1 diskutiert, an dieser Stelle soll nur die Zuordnung von Spaltvariationen zu den Aufbauten genannt werden. Die Messungen wurden analog zur Vergleichsmessung an den Referenzstatoren ohne Deckband durchgeführt. Auf die Spaltweite von $\tau/s = 2.5\%$ wurde zugunsten einer zusätzlichen größeren Spaltweite von $\tau/s = 6.0\%$ verzichtet. Folgende Tabelle gibt einen Überblick über die vermessenen Konfigurationen.

Unter der Bezeichnung Aufbau 20-01 entsprechen die Spaltweiten denen der Referenz. Die gemessenen Kennlinien ermöglichen den Vergleich mit der Referenzbeschaufelung für diese Spaltweitenkonfiguration. Auf zusätzliche Fünflochsondenmessungen wurde verzichtet. Anschließend sind die in Tab. 2.6

Tabelle 2.6: Spaltweiten über den Statoren für Messkampagne Aufbau 20

Aufbau	Stator 1	Stator 2	Stator 3	Stator 4	Bezeichnung
20-01	1.8mm	1.8mm	1.8mm	1.8mm	A20-01
20-02	1.8mm	1.8mm	4.8mm	4.8mm	A20-02
20-03	4.8mm	4.8mm	1.8mm	1.8mm	$\tau/s = 1.5\%$
20-04	4.8mm	4.8mm	4.8mm	4.8mm	$\tau/s = 4.0\%$
20-05	4.8mm	4.8mm	6.0mm	6.0mm	$\tau/s = 5.0\%$
20-06	4.8mm	4.8mm	7.2mm	7.2mm	$\tau/s = 6.0\%$

dargelegten Fälle untersucht worden. Primär interessieren dabei die Aufbauten 20-03 bis -06, welche den Aufbauten 16-02, -04 und -05 entsprechen, sowie zusätzlich eine weitere vergrößerte Spaltweite abdecken. Der Aufbau 20-02 dient dem Vergleich mit Aufbau 20-04 hinsichtlich des Einflusses der Seitenwandblockage in der Zuströmung zur dritten Stufe, wird im Weiteren aber nicht berücksichtigt.

3 Numerische Untersuchungen

Dreidimensionaler Strömungssimulation kommt in der Auslegung von Turbomaschinen eine immer größere Bedeutung zu. Als Beispiele für die erfolgreiche Anwendung seien LeJambre *et al.* [52] und Denton und Dawes [15] genannt. Zur Validierung dieser Methoden sind detaillierte Messergebnisse von entscheidender Bedeutung. Die vergleichenden Messungen an Statoren mit und ohne Deckband sollen hierzu einen Beitrag leisten. Parallel zu den experimentellen Untersuchungen wurden numerische Berechnungen durchgeführt. Ziel dieser Simulationen ist es Abweichungen zu den Messergebnissen aufzuzeigen, um diese in der Auslegung einer neuen Beschaufelung zu berücksichtigen. Weiterhin soll die Interpretation der Messergebnisse unterstützt werden, indem Daten in den Bereichen des Strömungsfeldes gewonnen werden, die für die Messung unzugänglich sind. Dies setzt eine hinreichende Übereinstimmung der Simulation mit den vorhandenen Messergebnissen voraus. Innerhalb dieser Arbeit wurden die Reynolds gemittelten Navier-Stokes-Gleichungen mit der kommerziellen Software FINE^{TM}/Turbo von Numeca International gelöst. In den folgenden Abschnitten sollen zunächst die zu lösenden Gleichungen kurz beschrieben und das verwendete Simulationsmodell vorgestellt werden.

3.1 Numerisches Modell

Für die Berechnung eines allgemeinen Strömungsfeldes werden die Erhaltungsgleichungen von Masse, Impuls und Energie verwendet. Diese beschreiben die Physik der Strömung. Die Kontinuitätsgleichung beschreibt die Erhaltung der Masse für ein finites Volumenelement. In kartesischen Koordinaten folgt die differentielle Gleichung

$$\frac{\partial \rho}{\partial t} + \frac{\partial \rho c_i}{\partial x_i} = 0 \; . \tag{3.1}$$

Die Impulserhaltung definiert, dass für ein finites Volumenelement die zeitliche Änderung des Impulses und die Differenz aus ein- und austretenden Impulsströmen gleich den an der Masse des Volumenelements wirkenden Kräften ist. Da der Impuls eine vektorielle Größe ist, ergeben sich drei Gleichungen für die drei Raumrichtungen, die Navier-Stokes-Gleichungen[1]. Diese lassen sich nach der Summenkonvention wie folgt schreiben.

$$\frac{\partial \rho c_i}{\partial t} + \frac{\partial \rho c_i c_j}{\partial x_j} = -\frac{\partial p}{\partial x_i} + \frac{\partial \tau_{ij}}{\partial x_j} + \rho f_i \tag{3.2}$$

Die Kräfte ergeben sich aus der Druckkraft, der Reibungskraft und äußeren Kräften. Im Fall von Strömungsmaschinen können äußere Kräfte wie Schwerkraft oder magnetische Kräfte vernachlässigt werden. Der Spannungstensor τ_{ij} lässt sich für ein Newtonsches, isotropes Fluid wie folgt beschreiben.

$$\tau_{ij} = \mu \left(\frac{\partial c_i}{\partial x_j} + \frac{\partial c_j}{\partial x_i} - \frac{2}{3} \delta ij \frac{\partial c_k}{\partial x_k} \right) \tag{3.3}$$

[1] Vielfach werden in der Literatur unter dem Begriff Navier-Stokes-Gleichungen alle hier diskutierten Erhaltungsgleichungen zusammengefasst.

Weiterhin wird für kompressible Fluide die Energieerhaltung benötigt um das Gleichungssystem zu vervollständigen. Diese berücksichtigt die Erhaltung der Energie für Expansionsarbeit, Arbeit der Oberflächenspannung und der Volumenkräfte, sowie der Wärmeleitung.

$$\rho\frac{Dh}{Dt} = \frac{Dp}{Dt} + \tau_{ij}\frac{\partial c_i}{\partial x_j} - \frac{\partial q_i}{\partial x_i} \tag{3.4}$$

Die Wärmeleitung q kann dabei über das Wärmeleitungsgesetz nach Fourier ermittelt werden.

$$\underline{q} = -\lambda \nabla T \tag{3.5}$$

Aus den Erhaltungsgleichungen für Masse (3.1), Impuls (3.2) und Energie (3.4), sowie einer Zustandsgleichung für das Fluid lassen sich die Feldgrößen der dreidimensionalen Strömung berechnen. Für die in Turbomaschinen vorherrschende turbulente Strömung sind diese Größen jedoch von Fluktuationen überlagert. Daher wird die von Reynolds [66] eingeführte Beschreibung der Strömungsgrößen mittels statistischem Mittelwert ($\overline{c_i}$) und Fluktuation ($\hat{c}_i$) verwendet. Für die Geschwindigkeiten ergibt sich beispielhaft

$$c_i(\underline{x}, t) = \overline{c_i}(\underline{x}, t) + \hat{c}_i(\underline{x}, t) \ . \tag{3.6}$$

Für eine statistisch, stationäre Strömung kann der zeitliche Mittelwert definiert werden.

$$\overline{c_i}(\underline{x}) = \lim_{T\to\infty} \frac{1}{T} \int_0^T c_i(\underline{x}, t)dt \tag{3.7}$$

Die Anwendung der Zerlegung in Mittelwert und Fluktuation auf alle Strömungsgrößen in den Erhaltungsgleichungen führt zu den sogenannten Reynolds-gemittelten Navier-Stokes-Gleichungen (RANS-Gleichungen). Bei Vernachlässigung äußerer Kräfte ergibt sich beispielsweise für ein inkompressibles Fluid die folgende Reynolds-gemittelte Impulserhaltungsgleichung.

$$\frac{\partial \overline{c_i}}{\partial t} + \overline{c_j}\frac{\partial \overline{c_i}}{\partial x_j} = -\frac{1}{\rho}\frac{\partial \overline{p}}{\partial x_i} + \frac{1}{Re}\frac{\partial^2 \overline{c_i}}{\partial x_j^2} - \frac{\partial \overline{\hat{c}_i\hat{c}_j}}{\partial x_j} \tag{3.8}$$

Während sich alle linearen Terme mit Fluktuationen der Strömungsgrößen eliminieren, bleibt der quadratisch nicht-lineare Term $\overline{\hat{c}_i\hat{c}_j}$ erhalten. Der letzte Term auf der rechten Seite wird als Reynolds-Spannungstensor bezeichnet. Das Gleichungssystem beinhaltet somit neue Unbekannte, welche durch die bekannten Gleichungen nicht beschrieben werden. Um das System der RANS-Gleichungen zu schließen, werden neue Gleichungen zur Beschreibung der Unbekannten $\overline{\hat{c}_i\hat{c}_j}$ benötigt. Da die Herleitung weiterer Transportgleichungen zu immer neuen Unbekannten führt, muss die Schließung über Turbulenzmodelle erfolgen.

Einen möglichen Ansatz zur Lösung des Schließungsproblems liefert die Boussinesq-Hypothese (Boussinesq [6]). Dabei werden die Reynoldsspannungen mit Hilfe der mittleren Geschwindigkeitsgradienten ausgedrückt. Als Proportionalitätsfaktor wird die Wirbelviskosität ν_t eingeführt.

$$-\overline{\hat{c}_i\hat{c}_j} = \nu_t \left[\frac{\partial \overline{c_i}}{\partial x_j} + \frac{\partial \overline{c_j}}{\partial x_i}\right] - \frac{2}{3}k\delta_{ij} \tag{3.9}$$

Die turbulente kinetische Energie ist dabei mit $k = 0.5 \cdot \overline{\hat{c}_i\hat{c}_i}$ definiert. Bei der Wirbelviskosität ν_t handelt es sich nicht um eine physikalische Größe bzw. Materialeigenschaft. Daher sind zusätzliche Informationen notwendig, um diese zu definieren. Nach der Anzahl der zusätzlichen Gleichungen, die gelöst werden, klassifiziert man die auf der Boussinesq-Hypothese basierenden Wirbelviskositätsmodelle.

Algebraische oder Null-Gleichungsmodelle, wie das Mischungswegmodell oder deren Weiterentwicklung von Baldwin und Lomax [3], verwenden eine direkte Proportionalität von Wirbelviskosität und Mischungsweg. Vorteil dieser Modelle ist der geringe Rechenaufwand, da keine zusätzliche Transportgleichung gelöst werden muss. Problematisch ist insbesondere, dass abgelöste Strömungen unzureichend modelliert werden. Innerhalb dieser Arbeit finden derartige Modelle daher keinen Einsatz.

Eingleichungsmodelle beschreiben die Wirbelviskosität durch eine zusätzliche Differentialgleichung. Der bekannteste Vertreter ist das Modell von Spalart und Allmaras [77], welches in dieser Arbeit vorwiegend eingesetzt wurde. Die Transportgleichung für die effektive Viskosität wird dabei wie folgt verwendet.

$$\frac{\partial \overline{\nu}}{\partial t} + \overline{c_j}\frac{\partial \overline{\nu}}{\partial x_j} = \Pi_\nu - \varepsilon_\nu + \frac{1}{\sigma_\nu}\left(\frac{\partial}{\partial x_j}\left((\nu + \overline{\nu})\frac{\partial \overline{\nu}}{\partial x_j}\right) + C_{b2}\left(\frac{\partial \overline{\nu}}{\partial x_j}\right)^2\right) \tag{3.10}$$

Die rechte Seite der Gleichung setzt sich dabei aus dem Produktionsterm Π_ν, dem Abbauterm ε_ν und den Diffusionstermen zusammen. Im Programmpaket FINE^{TM}/Turbo Version 8.7.3 wird das Spalart-Allmaras-Modell mit einer Weiterentwicklung von Ashford und Powell [2] verwendet. Die genaue Implementierung der Funktionen und Konstanten kann der Dokumentation des Solvers [60] entnommen werden. Vorteil dieses Modells, welches eine Zwischenstufe zwischen Algebraischen und Zweigleichungsmodellen darstellt, ist, dass bei vergleichbar geringem Mehraufwand bei der Berechnung abgelöste Strömungen deutlich besser erfasst werden. Weiterhin erweist sich die Formulierung als sehr robust und einfach anzuwenden, da die Randbedingung für die Turbulenz nur geringe Auswirkungen auf die Lösung hat. Nachteile des Ansatzes liegen darin, dass kein Abklingen der Turbulenz modelliert wird und das Verfahren außerhalb von Scherströmungen ungültig ist. Da das Modell speziell für aerodynamische Strömungen entwickelt und unter anderem an einem Tragflügelprofil validiert wurde, verspricht es gute Ergebnisse für die Profilumströmung in Turbomaschinen. Für eine ausreichende Auflösung der wandnahen Strömung ist eine Diskretisierung der Wandgrenzschicht notwendig. Der dimensionslose Wandabstand der ersten Zelle muss bei $y^+ \leq 2 \ldots 5$ liegen.

Die dritte Gruppe der Wirbelviskositätsmodelle sind die Zweigleichungsmodelle, von denen das bekannteste das k-ε-Modell ist. Die Wirbelviskosität wird dabei über die turbulente kinetische Energie k und die turbulente Dissipationsrate ε bestimmt. Für beide Größen wird je eine zusätzliche Transportgleichung gelöst. Neben dem klassischen k-ε-Modell sind eine Vielzahl von spezialisierten Varianten verfügbar ([60]). Zumeist wurden die Konstanten des Modells auf einen speziellen Typ von Strömungen angepasst. Über die Einführung der Frequenz ω der energietragenden Wirbel mit $\omega = \varepsilon/k$ folgt das k-ω-Modell. Da das k-ε-Modell im wandnahen Bereich nicht zulässig ist und beim k-ω-Modell die Probleme überwiegend in freien Scherschichten auftreten, wurde von Menter [56] die Kombination beider Modelle zum Shear-Stress-Transport-Modell (SST-Modell) vorgeschlagen. Es verbindet das k-ω-Modell nahe der Wand mit dem k-ε-Modell am Rand der Grenzschicht und in der freien Strömung. Die Unterscheidung zwischen den beiden Formulierungen wird über eine Übergangsfunktion realisiert, so ist weiterhin nur die Lösung von zwei Transportgleichungen notwendig. Eine andere Weiterentwicklung des k-ε-Modells stellt das v^2-f-Modell dar. Nach einem Vorschlag von Durbin [17] soll durch die Lösung von zusätzlichen Gleichungen für die Fluktuation der wandnormalen Geschwindigkeitskomponenten $\hat{v}^2$ und der Dämpfungsfunktion f die Strömung in Wandnähe besser beschrieben werden. Es sind daher vier Differentialgleichungen zu lösen. Auf eine genauere Beschreibung der einzelnen Modelle wird hier verzichtet, da diese im Rahmen der vorliegenden Arbeit nur in Abschnitt 3.2.4 zur Analyse des Einflusses der Turbulenzmodellierung Anwendung finden.

Über die hier betrachtete Kategorie der Wirbelviskositätsmodelle hinaus stehen im verwendeten Solver keine anderen Möglichkeiten zur Modellierung der Turbulenz zur Verfügung. Höherwertige Methoden wie Reynolds-Spannungs-Modelle, die Large-Eddy-Simulation oder die direkte numerische Simulation (DNS) sind für einen vierstufigen Verdichter nach derzeitigem Stand der Rechentechnik nicht praktikabel, insbesondere im Hinblick auf eine ingenieurs-technische Anwendung im Rahmen der Auslegung einer neuen Beschaufelung.

3.2 Simulationsmodell

3.2.1 Vernetzung des Verdichters für den Referenzfall

Für die Überprüfung globaler Vorhersagen, wie Wirkungsgrad und Druckverhältnis, wurde der Verdichter vierstufig simuliert. Das Rechengebiet beginnt dabei ca. 100mm stromauf des Vorleitgitters und endet ca. 100mm stromab des letzten Stators. Die Diskretisierung des Strömungsgebietes erfolgt durch ein strukturiertes Gitter. Das Strömungsfeld um eine Verdichterschaufel wird dabei von einem O-Block entlang der Profilgeometrie und 4 H-Blöcken dargestellt. In den Radialspalten von Rotoren am Gehäuse bzw. Statoren an der Nabe werden zusätzlich ein weiterer O- und H-Block verwendet. Im Rahmen einer Gitterstudie wurde zunächst die notwendige Netzfeinheit ermittelt.

Gitterstudie

Die Voruntersuchung zur Diskretisierung des Rechengebietes wurden an der ersten Stufen des Verdichters zusammen mit dem Vorleitgitter für die Referenzbeschaufelung ausgeführt. Da es sich bei den nachfolgenden Rotoren und Statoren jeweils um die gleiche Geometrie handelt, können die Erkenntnisse zur Netzerstellung übertragen werden. Analog den später untersuchten Aufbauten ist das Vorleitgitter beidseitig fest eingespannt und der Rotor verfügt über einen Radialspalt von 1.5mm. Für den ersten Stator wurde der nominale Radialspalt zur Nabe von 1.8mm für die Voruntersuchungen ausgewählt. Die vier Netze der Gitterstudie umfassen Knotenanzahlen von 1.2 Mio bis 7.1 Mio Knoten für die drei simulierten Passagen, siehe Tabelle 3.1.

Tabelle 3.1: Überblick über Netze der Gitterstudie

Netz	VLG	Rotor	Stator	gesamt
1	497'130	400'915	346'571	1'244'616
2	880'178	829'111	964'179	2.673'468
3	1'476'442	1'339'107	1'749'803	4'565'352
4	2'186'910	2'140'383	2'784'447	7'111'740

Als Eintrittsrandbedingung wurde ein vermessenes Totaldruckprofil und drallfreie Zuströmung vorgegeben, während am Austritt ein gemittelter statischer Gegendruck vorgegeben wurde. Für den statischen Gegendruck von $p = 102800$Pa sind in Abb. 3.1 Massenstrom und isentroper Wirkungsgrad in Abhängigkeit von der Netzfeinheit dargestellt. Es ist ersichtlich, dass mit steigender Anzahl an Knoten der Wirkungsgrad absinkt und der Massenstrom den Wert von 25.01kg/s annimmt. Für das gröbste Netz mit ca. 1.2 Mio Knoten ist der Massenstrom geringer als für das nächst feinere Netz, ergo liegt für dieses Netz noch keine asymptotische Konvergenz vor. Für den Massenstrom ist über die weitere Gitterverfeinerung die Konvergenz ausreichend erreicht. Für den Wirkungsgrad hingegen ist eine weitere Reduzierung des Wirkungsgrads mit steigender Gitterpunktzahl zu erwarten.

Neben den globalen Größen im Verdichterkennfeld sind vor allem lokale Strömungsgrößen von Interesse. Daher wurden die teilungsgemittelten Ergebnisse der Gitterstudie miteinander und mit Messdaten

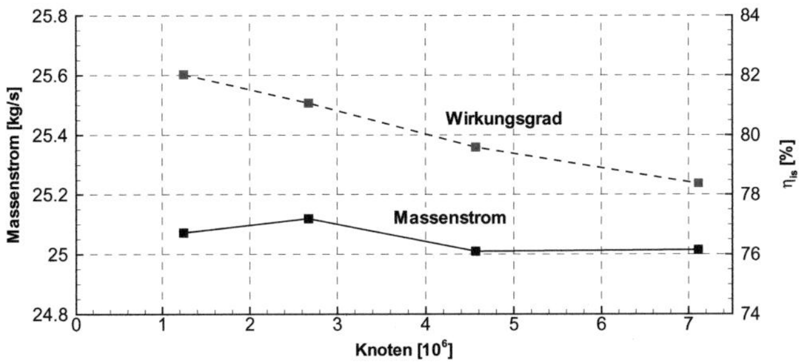

Abbildung 3.1: Kennliniengrößen der Gitterstudie eines 1,5-stufigen Verdichters mit Referenzbeschaufelung

verglichen. Für die Zu- und Abströmung des Vorleitgitters sind geringe Abweichungen der verschiedenen Netze zueinander vorhanden. Da diese Schaufel nicht von primärem Interesse im Rahmen der vorliegenden Arbeit ist, sollen diese hier nicht diskutiert werden. Die Abströmung aus dem Rotor und Stator ist anhand der normierten, teilungsgemittelten Totaldruckverteilung, der axialen Komponente der Absolutgeschwindigkeit und des absoluten Strömungswinkels beispielhaft in Abb. 3.2 dargestellt. Zum Vergleich sind Messdaten für den Auslegungspunkt ersichtlich.
Sowohl für den Rotor als auch für den Stator ist eine Konvergenz der Verläufe zu erkennen. Die beiden feineren Netze 3 und 4 sind in den teilungsgemittelten Daten nicht mehr zu unterscheiden. Während der Rotor große Abweichungen zur Messung zeigt, ist die Übereinstimmung der Simulation mit den Messdaten stromab des Stators sehr gut. Am Rotor sind die Abweichungen im Totaldruck bedingt durch die Normierung auf die noch relativ geringe mittlere Druckerhöhung im Vergleich zum Eintrittsdruck p_{t0} überproportional dargestellt. Die höhere Blockage und das Totaldruckminimum sind wahrscheinlich auf nicht modellierte Teilspalte zurückzuführen. Diese Spalte sind konstruktionsbedingt und waren bei den Vergleichsmessungen nicht abgedichtet. In den vorderen und hinteren 30% der Sehnenlänge wurden Spaltweiten kleiner 0.5mm gemessen. Im Rahmen einer separaten numerischen Studie musste festgestellt werden, dass eine Modellierung der Teilspalte nicht zu einer signifikanten Verbesserung der Übereinstimmung zur Messung führt. Es wird daher auch im Weiteren auf die Simulation der Teilspalte verzichtet.
Anhand von Abb. 3.3 sollen die in den teilungsgemittelten Daten kaum noch zu erkennenden Unterschiede zwischen Netz 3 und 4 weiter untersucht werden. Es ist klar ersichtlich, dass die Isolinien der axialen Geschwindigkeitskomponente für beide Netze nur noch sehr geringe Abweichungen voneinander aufweisen. Dies zeigt, dass das Strömungsfeld für Netz 3 eine ausreichende Netzkonvergenz erreicht hat.

Eigenschaften des vierstufigen Berechnungsmodells

Auf Basis der Gitterstudie werden die Einstellungen von Netz 3 für alle weiteren Simulationen verwendet. Für die teilungsgemittelten Darstellungen ist für dieses Netz die Konvergenz ausreichend erreicht. Bei den globalen Größen des Kennfelds interessieren primär die Differenzen zwischen verschiedenen Aufbauten bei vergleichbaren Netzen. Der absolute Wirkungsgrad hingegen ist von untergeordneter Bedeutung. Eine Zusammenfassung der Eigenschaften des verwendeten Netzes ist im Anhang A.1 gegeben.

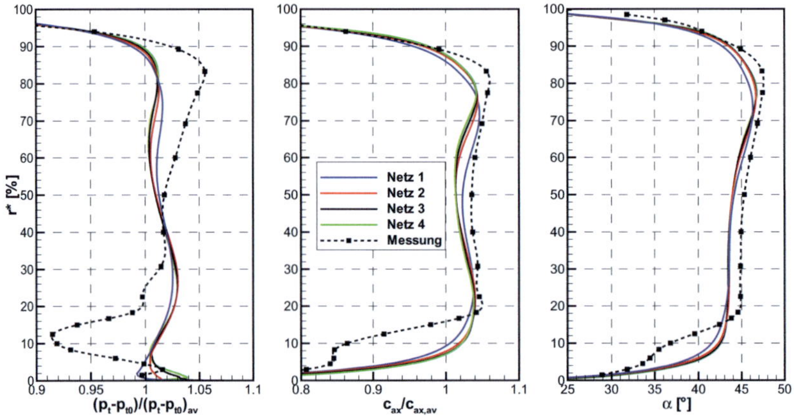

(a) Rotor 1

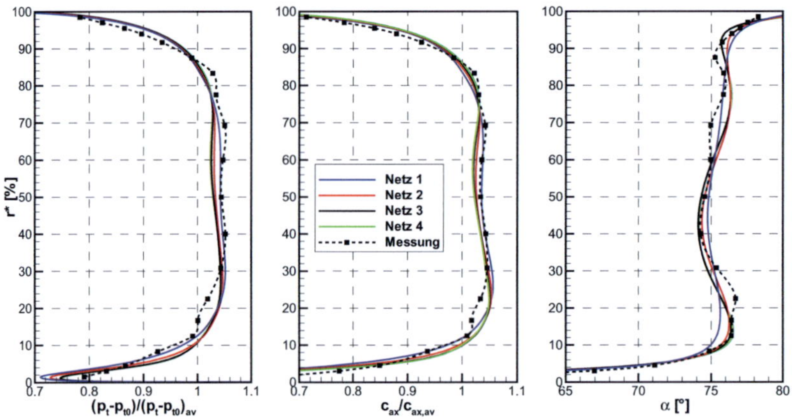

(b) Stator 1

Abbildung 3.2: Normierter Totaldruck, normierte Axialgeschwindigkeit und absoluter Strömungswinkel in den Austrittsebenen von Rotor und Stator der ersten Stufe für die Gitterstudie; teilungsgemittelt

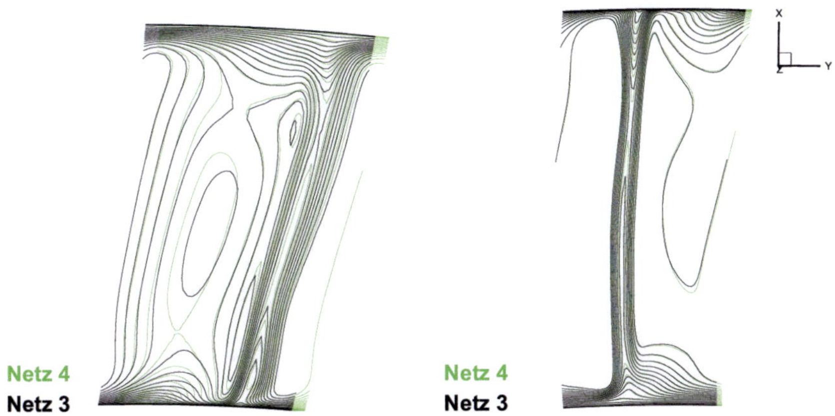

(a) Rotor 1 (b) Stator 1

Abbildung 3.3: Isolinien der axialen Geschwindigkeitskomponente für Netz 3 und 4 am Austritt von Rotor und Stator

Sämtliche Simulationen erfolgen mit dem Strömungsmedium Luft als ideales Gas. Die bereits diskutierten RANS-Gleichungen werden über das Spalart-Allmaras-Turbulenzmodell geschlossen. Die Wahl dieses Modells erfolgt auf Basis von Abschnitt 3.2.4, sowie aufgrund der für aerodynamische Strömungen erwarteten guten Ergebnisse und des geringeren Rechenaufwands im Vergleich zu Mehrgleichungsmodellen. Zum Anderen sollen die stationären Berechnungen durch Simulationen auf Basis der Methode der nichtlinear Harmonischen (Non Linear-Harmonics Method - NLH) (He *et al.* [30] und Chen *et al.* [11]) ergänzt werden. Für diese noch vergleichsweise neue Methode steht derzeit im verwendeten Strömungslöser nur das Spalart-Allmaras-Turbulenzmodell zur Verfügung. Somit ist ein direkter Vergleich nur möglich, wenn dieses Modell auch in der stationären Simulation verwendet wird. Der Einfluss der Turbulenzmodellierung auf die Berechnung von Statoren mit Radialspalt und mit Deckband wird im Abschnitt 3.2.4 erläutert.

Die Randbedingungen der Simulationen sind jeweils aus Messdaten abgeleitet. Für die Simulation des gesamten vierstufigen Verdichters wird am Eintritt das teilungsgemittelte Totaldruckprofil vorgegeben. Die Zuströmung ist drallfrei bei einer konstanten Totaltemperatur von 288K. Die turbulente Viskosität am Eintritt wurde mit $\nu_t = 0.0001\text{m}^2/\text{s}$ gewählt, was dem empfohlenen Verhältnis von turbulenter zu dynamischer Viskosität von ca. 5 für Strömungen in Turbomaschinen entspricht [61]. Am Austritt wird ein mittlerer, statischer Druck vorgegeben, welcher im Rahmen der Kennlinienberechnung sukzessive erhöht wird.

3.2.2 Modellierung unterschiedlicher Radialspaltweiten

Im Rahmen einer Vorstudie wurde zunächst untersucht, wie viele Zellen in radialer Richtung für eine hinreichende Auflösung der Strömung im Radialspalt des Stators benötigt werden. Für die Nominalspaltweite von 1.8mm (τ/s = 1.5%) konnte festgestellt werden, dass ab 33 Zellen in radialer Richtung keine wesentlichen Änderungen des Strömungsfeldes im Radialspalt zu beobachten sind. Für größere Spaltweiten von 4.8mm oder 6.0mm (τ/s = 4.0% bzw. 5.0%) ist diese Netzkonvergenz bei

Tabelle 3.2: Überblick über die Anzahl der radialen Gitterpunkte in Abhängigkeit der Statorradialspaltweite

τ/s	N_{Kanal}	$N_{Radialspalt}$
1.5	121	33
4.0	133	49
5.0	133	49

33 Zellen noch nicht erreicht, es werden daher mit steigender Spaltweite mehr Zellen im Radialspalt eingesetzt. Diese Erhöhung der Auflösung nahe der Nabe des Stators darf natürlich nicht zu Lasten der Qualität im verbleibenden Kanal führen. Daher musste bei der Simulation von Statoren mit größeren Spaltweiten die Anzahl der Gitterpunkte in radialer Richtung über dem gesamten Kanal erhöht werden. Tabelle 3.2 gibt einen Überblick über die Vernetzung der Statoren. Die Angaben sind für die Referenzbeschaufelung als auch für die neuausgelegte Geometrie gültig. Da jeweils nur die Variante mit geringstem Radialspalt über Stator 3 und 4 ($\tau/s = 1.5\%$) und die Variante mit großem Radialspalt von $\tau/s = 5.0\%$ numerisch simuliert wurden, sind nur diese beiden Spaltweiten und die Spaltweite $\tau/s = 4.0\%$, welche über Stator 1 und 2 für alle Versuche konstant gehalten wurde, angegeben. Alle Rotoren verfügten in der Simulation über einen Radialspalt von $\tau/s = 1.3\%$ und wurden daher mit der gleichen Anzahl an Gitterpunkten gerechnet wie die Statoren mit kleinem Spalt.

3.2.3 Modellierung der Deckbandkavität

Der dritte Stator des Niedergeschwindigkeitsverdichters wurde im Experiment mit einem Deckband versehen. Die Geometrie der dadurch entstehenden Kavität ist in Abschnitt 2.4.2 beschrieben und in Abb. 2.4 dargestellt. Sie wurde in den Simulationen mit geringfügigen Änderungen abgebildet. Abweichungen von der Realität sind zum Beispiel die Vernachlässigung der zwölf Zug- und Druckschrauben zwischen dem Steg und dem Einstellring zur Variation des Dichtspaltes. Diese Schrauben erzeugen zwar zusätzliche Verwirbelungen, haben jedoch keinen Einfluss auf das Durchflussverhalten der Dichtung und können folglich vernachlässigt werden. In Abb. 2.4 ist ersichtlich, dass die Vorderkante von Rotor 4 mit dem Kavitätseintritt zusammenfällt. Die Vernetzung des Rotors lässt eine derartige Geometrie nicht zu. Daher wurde der Kavitätseintritt um 4mm verkürzt und dafür die Nabe stromauf des Rotors ergänzt, vergleiche dazu Abb. A.4. Die Rotor-Stator-Schnittstelle wurde dann 1mm stromab des Kavitätseintritts und somit 3mm stromauf des Rotors 4 impliziert. Dadurch ist für den Rotor 4 eine stark verkürzte Zulaufstrecke zur Vorderkante bei der Vernetzung zu beachten. Analog muss beim Rotor 3 die Rotor-Stator-Schnittstelle deutlich stromauf verschoben werden, damit diese sich nicht über dem Kavitätsaustritt befindet. Demzufolge ist hier bei der Vernetzung ein verkürzter Abstand zwischen Hinterkante und Blockgrenze zu berücksichtigen. Die Vernetzung wird im Detail in [70] beschrieben, weiterhin ist in Abb. A.6 ein Überblick über die Kavitätsnetze für die drei Spaltweiten analog dem Experiment gegeben.

3.2.4 Einfluss der Turbulenzmodellierung auf die Strömung an Statoren mit und ohne Deckband

Anhand der Simulation eines Betriebspunktes des vierstufigen Verdichters im Aufbau 17-02 mit einer Spaltweite von $\tau/s = 1.0\%$ im Deckband unter Benutzung verschiedener Turbulenzmodelle, soll deren

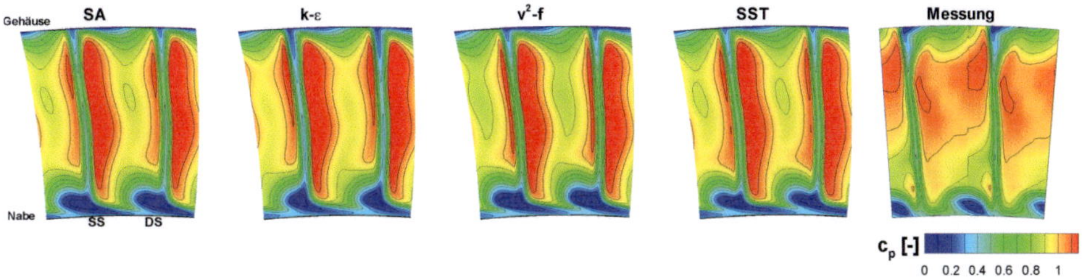

(a) Stator mit Radialspalt (Stator 2)

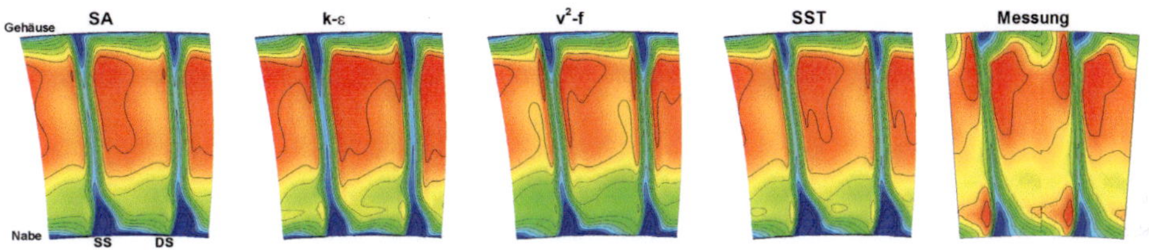

(b) Stator mit Deckband (Stator 3)

Abbildung 3.4: Normierter Totaldruck c_p nach einem Stator ohne bzw. mit Deckband für verschiedene Turbulenzmodelle im Auslegungspunkt $\xi = 1.00$

Einfluss aufgezeigt werden. Neben der Simulation mit dem Spalart-Allmaras-Turbulenzmodell, welches im Weiteren ausschließlich verwendet wird, wurden Simulationen mit dem k-ε-Modell in der 'Low Re'-Formulierung nach Yang und Shih [90] und der Formulierung mit erweiterter Wandfunktion ([60]), dem SST-Modell und dem v^2-f-Modell durchgeführt. Für die Bewertung wird der zweite Stator des Verdichters als Stator mit Radialspalt ($\tau/s = 4.0\%$) und der dritte Stator mit Deckband betrachtet. Detailliertere Informationen zum Aufbau 17-02 wurden bereits in Abschnitt 2.4.2 gegeben. Die Verteilung des normierten Totaldruckes c_p stromab der genannten Schaufeln ist in Abb. 3.4 den Messdaten gegenüber gestellt. In dieser Darstellung ist für das k-ε-Modell nur die Version nach Yang und Shih ersichtlich. Zunächst lässt sich für alle Modelle feststellen, dass sowohl die Auswirkung des Radialspaltes als auch die Sekundärströmungseffekte an einem Stator mit Deckband überschätzt werden. Für den Stator mit Radialspalt weisen das Spalart-Allmaras-Turbulenzmodell (SA) und das Shear-Stress-Transport-Modell (SST) die beste Annäherung in Hinblick auf die Form und Größe des Totaldruckminimums an der Nabe bezüglich der Messung auf. Bei Statoren mit Deckband ist anhand des saugseitig gelegenen Totaldruckminimums eine Ablösung zu erkennen. Diese wird von allen Turbulenzmodellen überschätzt. Das k-ϵ- und v^2-f-Modell ermitteln hierbei die kleinsten Abweichungen zur Messung. Jedoch weisen diese beiden Modelle ausgeprägte Totaldruckmimima entlang der Saugseite nahe des Gehäuses auf, was sich auch bei Statoren mit Radialspalt beobachten lässt.

In der späteren, vergleichenden Bewertung und Analyse von Statoren mit und ohne Deckband sind die radialen Verteilungen der Verluste von besonderem Interesse. Für die oben diskutierten Fälle wurden die Totaldruckverluste berechnet und in Abb. 3.5 zusammengestellt. Eine Vergrößerung des maximalen Verlustes um bis zu 10 Prozentpunkte über die Messdaten hinaus tritt bei allen Turbulenzmodellen für die Statoren mit Radialspalt an der Nabe auf. Mit Ausnahme des v^2-f-Modells weisen die Simulationen nur eine geringe Streubreite auf. Die radiale Ausdehnung der Verluste des Radialspaltwirbels wird hingegen von allen Modellen etwas unterschätzt. Ebenso treten bei ca. 20% der Kanalhöhe höhere

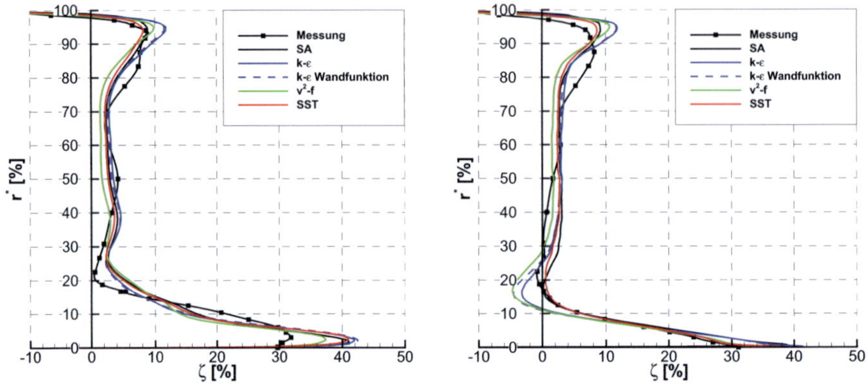

(a) Stator mit Radialspalt (b) Stator mit Deckband

Abbildung 3.5: Radiale Verteilung des Totaldruckverlustes im Auslegungspunkt ($\xi = 1.00$) für verschiedene Turbulenzmodelle

Verluste auf als in der Messung. Im mittleren Kanalbereich stimmen die Verluste, welche primär von den Profilverlusten bestimmt werden, für Simulation und Messung gut überein. Ausnahme bildet hierbei wieder das v^2-f-Modell mit zu niedrigen Verlusten. Am Gehäuse werden die Verluste durch die saugseitige Eckenablösung im Rahmen der Messungs- und Modellierungsunsicherheit zufriedenstellend wiedergegeben. In diesem Bereich zeigt lediglich das k-ε-Modell einen abweichenden Verlauf mit höheren Werten des maximalen Verlustes. Bei der Auswertung des Stators mit Deckband treten teilweise größere Unterschiede zwischen den Turbulenzmodellen auf. An der Nabe zeigen v^2-f- und SST-Turbulenzmodell nahezu exakte Übereinstimmung mit den Messdaten, während SA- und k-ε-Modell den maximalen Verlust ähnlich zum Stator mit Radialspalt um ca. 10 Prozentpunkte überschätzen. Im Bereich zwischen 10% und 20% der Kanalhöhe wird zwar von allen Simulationen das Minimum im Verlauf der Verluste berechnet, jedoch ermitteln v^2-f- und k-ε-Modell erheblich niedrigere Verluste. Erstgenanntes Modell bestimmt auch über dem mittleren Teil des Kanals wieder zu niedrige Verluste, wie schon am Stator mit Radialspalt festgestellt wurde. Im Vergleich zum k-ε-Modell nach Yang und Shih wurde die Auswertung der Verluste an einer Simulation mit erweiterter Wandfunktion nach Hakimi dargestellt. Am Stator mit Radialspalt wurden identische Ergebnisse erzielt. Für den Stator mit Deckband kommt es im Bereich des Verlustminimums bei ca. 15% Kanalhöhe zu signifikanten Abweichungen bei sonst identischem Verhalten der beiden Modellvarianten.

Die Wahl des Spalart-Allmaras-Turbulenzmodells für die folgenden Untersuchungen begründet sich auf dem dargestellten Verhalten bei der Simulation von Statoren mit und ohne Deckband. Das Modell weist für beide Geometrien eine Überschätzung der maximalen Verluste an der Nabe um ca. 10 Prozentpunkte auf, während über weite Teile des Kanals eine gute Übereinstimmung mit den Messungen auftritt. Die k-ε-Modelle werden aufgrund ihrer Abweichungen am Gehäuse und bei der Darstellung des Verlustminimums im Fall mit Deckband nicht weiter verwendet. Analog weist das v^2-f-Modell über weite Teile zu große Abweichungen auf um eine Nutzung zu rechtfertigen. Die Verwendung des SST-Modelles hingegen verspricht ähnlich gute Ergebnisse wie das Spalart-Allmaras-Turbulenzmodell, jedoch wird ein direkter Vergleich von Statoren mit und ohne Deckband durch die ungleiche Vorhersage der maximalen Verluste an der Nabe behindert. An Statoren mit Deckband werden die Verluste korrekt berechnet, während sie für Statoren mit Radialspalt um 10 Prozentpunkte überschätzt werden. Somit wird im weiteren Verlauf dieser Arbeit ausschließlich mit dem Spalart-Allmaras-Turbulenzmodell gearbeitet. Die im Weiteren gezeigten Simulationen sollen zum Einen die Anwendbarkeit und Grenzen von RANS-Simulationen im Rahmen der Verdichterauslegung aufzeigen, zum Anderen ergänzend zu den Messdaten Informationen über das Strömungsfeld liefern, in Bereichen die der verwendeten Messtechnik nicht zugänglich sind.

3.2.5 Simulationen mit Non-Linear-Harmonic-Method

Innerhalb der Verifizierung der Neuauslegung soll eine numerische Berechnung herangezogen werden, welche die Rotor-Stator-Interaktion berücksichtigt. Dies geschieht, um die Vorhersage der Verluste am vierten Rotor zu verbessern. Die Methode der Nicht-Linear-Harmonischen wurde von He und Ning [30] sowie Chen *et al.* [11] vorgestellt. Sie bietet die Möglichkeit, die Rotor-Stator-Interaktion im Rahmen einer stationären Simulation durch die Lösung zusätzlicher Gleichungen zu berücksichtigen. Grundlage dieser Methode ist die Zerlegung der Strömungsgrößen in eine zeitlichen Mittelwert und zeitabhängigen, sinusförmigen Schwingungen. Diese periodischen Störungen geben die Nachläufe der stromauf befindlichen Schaufelreihen und die Potentialwirkung der stromab folgenden Reihe wieder. Dazu werden diese über eine Fourier Transformation in den Frequenzbereich überführt. Die Periodizität der Störungen entspricht für eine beliebige Schaufelreihe den Blattfolgefrequenzen der umgebenden Schaufelreihen. Für das Strömungsfeld wird so eine stationäre Lösung des zeitlichen Mittelwerts berechnet und für jede Blattfolgefrequenz und ihre höheren Harmonischen je zwei zusätzliche Gleichungen für den realen und imaginären Teil der Störung. In der Auswertung lässt sich das Strömungsfeld für beliebige Relativpositionen von Rotoren und Statoren rekonstruieren. Diese Methode ist bedeutend schneller und mit geringerem Rechenaufwand verbunden als die vollständige instationäre Simulation bzw. die instationäre Modellierung eines skalierten Teiles der Beschaufelung. Die Genauigkeit der Methode hängt von der berücksichtigten Anzahl an Frequenzen und Störungen im Rahmen der Berechnung ab. Für einen transsonischen Verdichter diskutieren Hembera *et al.* [32], dass die Strömung am Eintritt des Stators primär von den Blattfolgefrequenz des stromauf laufenden Rotors und den ersten beiden höheren Harmonischen bestimmt wird. Dies wird durch den Vergleich von NLH-Berechnungen mit einer instationären Berechnung des gesamten Ringraums bestätigt. Für den in dieser Arbeit verwendeten Niedergeschwindigkeitsverdichter vergleichen Lange *et al.* [48] die Strömung im Bereich der Rotorblattspitze für instationäre und NLH-Simulationen mit Messdaten, welche mittels Laser Doppler Anemometrie gewonnen wurden. Bereits die Verwendung von drei Frequenzen (Blattfolgefrequenz und ihre 2 höheren Harmonischen) ermöglichen eine gute Wiedergabe der wesentlichen Effekte der Rotor-Stator-Interaktion innerhalb der Rotorpassage. Für die akkurate Wiedergabe der Strömungverhältnisse am Einlass des Rotors sind jedoch fünf oder mehr Frequenzen notwendig. Vergleiche von Hitzdrahtmessungen am Austritt von Stator 3 weisen gute Übereinstimmung mit NLH-Simulationen bei Verwendung von drei Frequenzen auf. Daraus lässt sich schlussfolgern, dass die wesentlichsten Effekte der Rotor-Stator-Interaktion auf die Spaltwirbel an Rotor und Stator durch NLH-Simulationen mit 3 Frequenzen aufgelöst werden.

Das in dieser Arbeit verwendete Simulationsmodell entspricht dem von Lange *et al.* [48] und umfasst den zweiten Stator, die dritte Stufe, sowie den vierten Rotor. Da es sich im Niedergeschwindigkeitsverdichter um Repetiergitter handelt, weisen die Rotoren respektive Statoren gleiche Schaufelzahlen auf. Somit tritt die Potentialwirkung der stromab folgenden Schaufelreihe und die Nachlaufdelle der vorangehenden Reihe mit der gleichen Periodizität auf. Es muss somit nur eine Störung je Schaufelreihe berücksichtigt werden. Auf Basis oben genannter Untersuchungen erfolgt die Berechnung für die Blattfolgefrequenz und ihre zwei ersten höheren Harmonischen. Im hier diskutierten Testfall wurde für die Referenzauslegung und die Neuauslegung jeweils nur der Aufbau mit großem Radialspalt ($\tau/s = 5.0\%$) am dritten Stator simuliert. Der zweite Stator besitzt in allen Simulationen einen Radialspalt von $\tau/s = 4.0\%$ und dient der adäquaten Simulation der Zuströmung zum dritten Rotor. Die Potentialwirkung des vierten Stators auf den vierten Rotor wird vernachlässigt. Dass dieser Schritt zur Einsparung von Rechenzeit legitim ist, zeigt sich darin, dass die Spaltweite am dritten Stator keinen Einfluss auf die betrachteten Strömungsgrößen, insbesondere die relativen Totaldruckverluste, über dem dritten Rotor hat.

Für die Rekonstruktion der Störungen mit höheren Frequenzen ist eine hinreichend feine Vernetzung des Strömungsfeldes in Umfangsrichtung notwendig. Dies wurde über eine Erhöhung der Gitterpunktzahl auf den Flutflächen gegenüber den in Anhang A.1 für die stationäre Simulation dargestellten Netzen erreicht (Stator ca. 10%; Rotor ca. 30%). Die Qualität des Gitters wurde dabei nur geringfügig beeinflusst.

4 Statoren mit und ohne Deckband

4.1 Globales Betriebsverhalten des Verdichters für Referenzmessungen an Statoren mit und ohne Deckband

4.1.1 Drehzahllinie des Verdichters bei Radialspaltvariation über Stator 3 und 4

Für die Variation der Radialspaltweiten über den zwei hinteren Statoren wurde jeweils für die Auslegungsdrehzahl $\zeta_D = 1.0$ die Verdichterkennlinie vermessen. Abbildung 4.1 zeigt den Verlauf des isentropen Wirkungsgrads und des Totaldruckverhältnisses über dem normierten Durchsatz. Der Wirkungsgrad des Verdichters sinkt mit steigender Spaltweite über den Statoren 3 und 4, wobei zu beobachten ist, dass die kleinen Spaltweiten von 1.5% und 2.5% der Kanalhöhe nahezu identische Wirkungsgrade liefern. Dieses Phänomen könnte an den deutlich größeren Spalten in den vorderen zwei Statoren liegen, welche eine große Zuströmgrenzschicht erzeugen. Die leichte Verbesserung des Wirkungsgrads von 1.5% auf 2.5% Spaltweite im Bereich von Durchsätzen kleiner als $\xi = 1.00$ liegt im Bereich der Messungenauigkeit und kann somit nicht abschließend bewertet werden. Der maximale

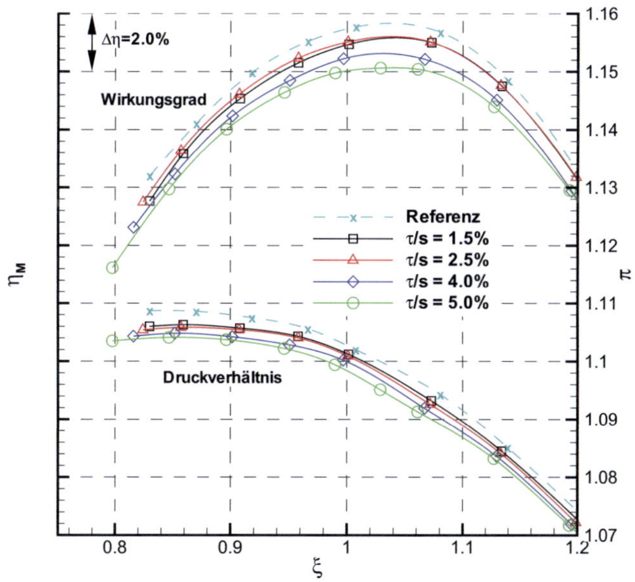

Abbildung 4.1: Kennlinie des vierstufigen Verdichters bei Variation der Radialspalte über dem dritten und vierten Stator (Auslegungsdrehzahl $\zeta_D = 1.0$)

Wirkungsgrad reduziert sich von den beiden kleineren Spaltweiten zur Spaltweite von 5.0% um zirka 1.0%. Nahe der Stabilitätsgrenze ist der Unterschied etwas geringer.
Analog zum Wirkungsgrad verringert sich auch der Druckaufbau mit wachsender Spaltweite. Hierbei ist jedoch keine Anomalie bei den kleinen Spaltweiten zu beobachten. Das Druckverhältnis sinkt hier kontinuierlich vom kleinsten zum größten getesteten Fall um insgesamt etwa $\Delta\pi = 0.002 \ldots 0.003$. Die Verringerung des Druckverhältnisses ist annähernd konstant über den gesamten Betriebsbereich.
Des Weiteren ist eine leichte Erweiterung des Betriebsbereichs zu beobachten. Da die Auswirkung von Variationen an einzelnen Schaufelreihen auf den Betriebsbereich des Gesamtverdichters nicht im Zentrum der Untersuchungen standen, wurde der Abrisspunkt nicht mit höchster Präzision und Wiederholbarkeit ermittelt. Es lässt sich daher nur von einer leichten Tendenz zur Erweiterung des Betriebsbereichs sprechen. Intensive Untersuchungen des Referenzaufbaus von Mailach [55] hinsichtlich des Mechanismus, welcher zum Abriss der Strömung im Verdichter führt, zeigen, dass rotierende Ablösung initiiert an der Spitze des Rotors vorwiegend den stabilen Betriebsbereich dieses Verdichters begrenzt. Die Vergrößerung der Radialspaltweiten am Stator könnte zu rotierender Ablösung am Stator führen und sollte dann eine Verringerung des Betriebsbereichs zur Folge haben. Dies ist in den gezeigten Daten nicht der Fall. Es ist daher davon auszugehen, dass der Stator nicht primär für den Abriss verantwortlich ist. Die Tendenz zur Erweiterung des Betriebsbereichs deutet hier an, dass die Vergrößerung des Spaltes an der Nabe der Statoren 3 und 4 den Rotor, der für den Abriss verantwortlich ist, entlastet. Innerhalb der Strömungsfeldmessungen wurde eine Entlastung des vierten Rotors im Schaufelspitzenbereich nachgewiesen, welche mit steigender Radialspaltweite an Stator 3 und 4 zunimmt. Somit kann angenommen werden, dass der wachsende Radialspalt am dritten Stator zu einer stärkeren Blockage im Bereich der inneren Kanalhälfte am Stator führt. Diese verursacht eine starke Umverteilung von Massenstrom in die äußere Kanalhälfte, was zu einer Reduzierung der Belastung im Außenschnitt führt.

4.1.2 Drehzahllinie des Verdichters bei Deckbandspaltvariation im Stator 3

Nach Abschluss der Messungen mit variierenden Radialspalten wurde der dritte Stator durch einen Statorring mit Deckband ersetzt. Da die anderen Statoren im Vergleich zur Variante mit den größten Radialspalten nicht geändert wurden, ist der direkte Vergleich mit diesem Aufbau mit 5.0% Radialspalt über Stator 3 und 4 möglich. In Abbildung 4.2 sind die Kennlinien für die drei Varianten mit Deckband gemeinsam mit der 5.0% Radialspaltvariante gezeigt.
Der Wirkungsgrad des Gesamtverdichters ist für die Varianten mit Deckband am dritten Stator in der gleichen Größenordnung wie für die Vergleichsvariante mit Radialspalt. Der Aufbau mit dem kleinsten Spalt im Deckband ($\tau/s = 1.0\%$) ist im Wirkungsgrad nahezu identisch mit dem Aufbau mit großem Radialspalt von 5.0% Kanalhöhe. Mit wachsendem Spalt im Deckband sinkt der Wirkungsgrad und Druckaufbau. Im Bereich des maximalen Wirkungsgrads sinkt dieser etwa linear um $0.2 \ldots 0.3\%$ für 1% Spaltweitenvergrößerung.
Im Gegensatz zum Wirkungsgrad ist der Druckaufbau der zwei Varianten mit kleinem Spalt im Deckband geringfügig größer als für die Variante mit Radialspalt von 5.0% Kanalhöhe. Der Druckaufbau sinkt wiederum mit größer werdendem Spalt im Deckband. Vom kleinsten zum größten Spalt reduziert sich das Druckverhältnis nahe dem Auslegungspunkt um $\Delta\pi = 0.0025$ und nahe dem Strömungsabriss um $\Delta\pi \approx 0.004$.
Im Vergleich zu der Variante mit Radialspalt ist wiederum eine tendenzielle Vergrößerung des Betriebsbereichs zu erkennen. Analog der Erläuterung im Abschnitt 4.1.1 kann dies an einer Entlastung des Rotors liegen. Wie die im folgenden diskutierten Strömungsfeldmessungen zeigen, steigt die Blockage

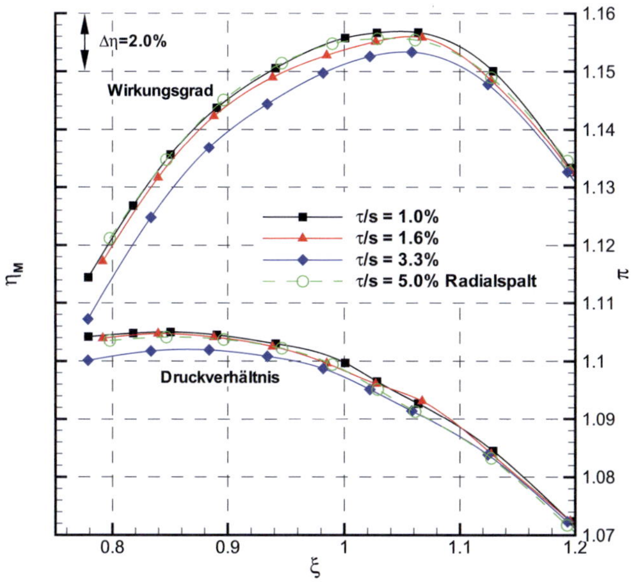

Abbildung 4.2: Kennlinie des vierstufigen Verdichters bei Variation des Spaltes im Deckband am dritten Stator (Auslegungsdrehzahl $\zeta_D = 1.0$)

durch die Sekundärströmungsphänomene am dritten Stator gegenüber den Varianten mit Radialspalt weiter an. Über radiale Umverteilung wird dadurch der vierte Rotor weiter entlastet, resultierend in einer Erweiterung des Betriebsbereichs des Verdichters.

Der direkte Vergleich der Varianten mit und ohne Deckband zeigt, dass die hier untersuchte Beschaufelung ohne Deckband eine geringere Empfindlichkeit bezüglich des Wirkungsgrads und Druckaufbaus gegenüber der Radialspaltweite besitzt. Eine Vergrößerung des Laufspaltes von 1.5% auf 5.0% über zwei Statorreihen bewirkt etwa den gleichen Wirkungsgradverlust wie die Öffnung des Dichtungsspaltes im Deckband des dritten Stators von 1.0% auf 3.3%. Der Vergleich von ähnlichen Spaltweiten im Deckband bzw. über dem Stator führt zur Schlussfolgerung, dass das hier verwendete Deckband die aerodynamisch ungünstigere Variante bezüglich Wirkungsgrad und Druckverhältnis ist.

4.1.3 Globale Ergebnisse der CFD-Simulation für Statoren mit und ohne Deckband

Für den Vergleich der Kennlinien-Vorhersage der CFD mit den Messungen wurden im Fall der Statoren mit Radialspalt an der Nabe nur die Drehzahllinien für die kleinste und größte Spaltweite an den Statoren 3 und 4 herangezogen. Die Kennlinien aus der CFD-Simulation sind in Abb. 4.3 zusammen mit den Messdaten dargestellt. Während die Verläufe des Druckaufbaus direkt verglichen werden können, ist der Wirkungsgradverlauf nicht direkt miteinander zu vergleichen. Es sind hierbei nur die Differenzen zwischen den zwei Spaltweiten von Interesse. Der absolute Wirkungsgrad hängt hingegen sehr stark von der Turbulenzmodellierung, Gitterkonvergenz und den verwendeten Gaseigenschaften (hier: Luft als ideales Gas) ab. Der Vergleich des Druckaufbaus zeigt grundlegend eine gute Übereinstimmung von Messung und Simulation. Im Bereich von Massenströmen zwischen $\xi = 1.1$ und dem Auslegungs-

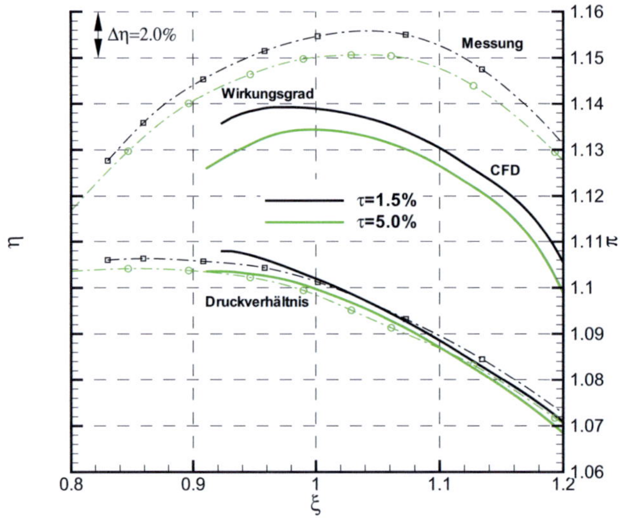

Abbildung 4.3: Kennlinie des vierstufigen Verdichters für Messung und CFD bei Variation der Radialspalte über dem dritten und vierten Stator (Auslegungsdrehzahl $\zeta_D = 1.0$)

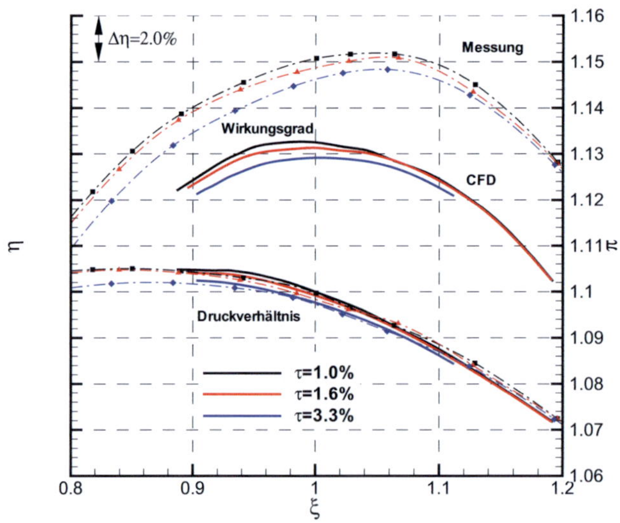

Abbildung 4.4: Kennlinie des vierstufigen Verdichters für Messung und CFD bei Variation des Spaltes im Deckband am dritten Stator (Auslegungsdrehzahl $\zeta_D = 1.0$)

massenstrom $\xi = 1.0$ wird der Druckaufbau für die kleine Spaltweite nahezu korrekt berechnet. Der maximale Druckaufbau nahe der numerischen Stabilitätsgrenze $\xi < 1.0$ wird hingegen überschätzt. In diesem Bereich ist die Vorhersage des Aufbaus mit großen Spaltweiten an Stator 3 und 4 genauer, dadurch wird die Differenz zwischen den Geometrievarianten zu groß errechnet. Dieser Druckverlust bei Vergrößerung der Radialspaltweite an den Statoren wird für weite Teile der restlichen Kennlinie von der Numerik unterschätzt. Darüber hinaus fallen die Drehzahllinien für größere Massenströme zu steil ab. Die Verminderung des Wirkungsgrads bei Vergrößerung der Radialspalte an Stator 3 und 4 wird über weite Teile des Betriebsbereichs im Rahmen der Messgenauigkeit des Experimentes realistisch von der CFD-Simulation bestimmt. Lediglich in der Nähe der numerischen Stabilitätsgrenze wird die Differenz überschätzt. Da in diesem Bereich jedoch instationäre Strömungsphänomene von entscheidender Bedeutung sind, welche von einer stationären Simulation nicht erfasst werden können, ist dieser Unterschied nicht überzubewerten. Allgemein gilt, dass die stationäre CFD den Betriebsbereich des Verdichters nicht vollständig wiedergeben kann. Die in der Messung beobachtete Erweiterung des Betriebsbereichs ist tendenziell auch in den Simulationen erkennbar.

Für Statoren mit Deckband wurden alle drei vermessenen Spaltweiten simuliert. Die Ergebnisse sind in Abb. 4.4 im Vergleich mit den gemessenen Drehzahllinien zu sehen. Für den Druckaufbau ist erneut eine gute Übereinstimmung festzustellen. Analog den Ergebnissen für die Statoren mit Radialspalt an der Nabe wird der Druckaufbau als auch die Differenz im Druckaufbau bedingt durch unterschiedliche Spaltweiten im Bereich großer Massenströme $\xi \geq 1.1$ unterschätzt. Im Bereich größerer Belastung nahe dem Auslegungspunkt $\xi < 1.0$ wird der Druckaufbau leicht zu groß vorhergesagt, wobei der maximale Druckaufbau mit dem Wert des maximal gemessenen Druckaufbaus gut übereinstimmt. Das Maximum ist jedoch zu größeren Massenströmen verschoben. Im Auslegungspunkt werden die Einbußen im Druckaufbau und Wirkungsgrad durch die steigende Spaltweite im Deckband von der Numerik leicht unterschätzt. Der Betriebsbereich ist analog den Messdaten deutlich erweitert gegenüber den Varianten mit Radialspalt. Eine weitere Verschiebung des Abrisspunktes zu niedrigeren Massenströmen mit Vergrößerung der Spaltweite im Deckband ist jedoch nicht ersichtlich. Darüberhinaus unterschätzt die stationäre Berechnung den Betriebsbereich deutlich.

Insgesamt liefert die Kennlinienberechnung des Verdichters gute Ergebnisse. Sowohl der Druckaufbau als auch die wesentlichen Tendenzen im Wirkungsgrad werden gut wiedergegeben. Die Änderungen durch verschiedene Spaltweiten werden in den hier gezeigten Fällen tendenziell etwas unterschätzt. Maximaler Wirkungsgrad und Druckaufbau sind zu größeren Massenströmen verschoben.

4.2 Strömungsfeldmessungen für Statoren mit und ohne Deckband

4.2.1 Zuströmung zum dritten Stator

Die vergleichende Untersuchung von Statoren mit und ohne Deckband soll das Verhalten derartiger Beschaufelungen in den hinteren Stufen eines mehrstufigen Verdichters wiedergeben. Die letzten Stufen in einem Hochdruckverdichter sind durch geringe Schaufelhöhen gekennzeichnet. Dadurch sind die zwischen rotierenden und stehenden Bauteilen einzuhaltenden Spalte bezogen auf die Schaufelhöhe relativ groß. Zu diesen Spalten gehören die Radialspalte zwischen Statoren ohne Deckband und Rotornabe und die Dichtungsspalte im Deckband einer Statorreihe. Die Seitenwandblockage in der Zuströmung zu einer hinteren Stufe hängt entscheidend von diesen Spalten in den davor befindlichen Stufen ab. Um realistische und vergleichbare Zuströmbedingungen zu schaffen, wurde zunächst im Rahmen der Referenzmessungen am Aufbau 16-01 die Entwicklung der Seitenwandblockage und Möglichkeiten zu deren Beeinflussung untersucht. Zu diesem Zweck wurden Fünflochsondenmessungen in allen Messebenen beginnend bei Messebene 2, der Zuströmung zum Vorleitgitter (vgl. Abb. 2.1), durchgeführt.
Abbildung 4.5 zeigt die radialen Verteilungen der axialen Geschwindigkeitskomponente und die daraus berechneten Grenzschichtparameter für beide Seitenwandgrenzschichten. Der Berechnung liegen folgende Formeln zugrunde:

$$\delta^* = \int_0^\delta \left(1 - \frac{c_{ax}(z)}{c_{ax}(\delta)}\right) \mathrm{d}z \tag{4.1}$$

$$\theta = \int_0^\delta \frac{c_{ax}(z)}{c_{ax}(\delta)} \left(1 - \frac{c_{ax}(z)}{c_{ax}(\delta)}\right) \mathrm{d}z \tag{4.2}$$

$$H_{12} = \frac{\delta^*}{\theta} \tag{4.3}$$

Die Koordinate z entspricht dabei dem Abstand von der inneren bzw. äußeren Seitenwand bezogen auf die Kanalhöhe. Die Integration erfolgt von der Seitenwand $z = 0$ bis zum Rand der Grenzschicht δ, welcher definiert ist durch den Wandabstand, bei dem das Geschwindigkeitsprofil den gleichen Wert erreicht wie eine an den mittleren Kanalbereich angepasste Regressionsgerade. Aus den Grafiken der Geschwindigkeit und dem Verlauf der Grenzschichtparameter ist ersichtlich, dass sich die wiederholende Stufe - repeating stage - nach Smith [75] in diesem Aufbau bereits stromab der ersten Stufe einstellt. Die nominale Verdrängungsdicke δ^* beträgt in den hinteren Stufen nur ca. 2% der Kanalhöhe. Für die hier geplante Untersuchung ist eine deutlich größere Verdrängungsdicke erwünscht. Untersuchungen einer Beeinflussung der nabenseitigen Grenzschicht durch eine lokale Versperrung im Einlass mittels einer Metall-Gaze konnten nur die Geschwindigkeitsprofile in der ersten Stufe verändern, vergleiche Lange *et al.* [47]. Mit Hilfe der bekannten linearen Abhängigkeit der Verdrängungsdicke (z.B. [46]) von der Radialspaltweite konnte abgeschätzt werden, dass die Vergrößerung der Radialspalte unter den ersten beiden Statoren um 3mm etwa zu einer Verdoppelung der Verdrängungsdicke führen sollte. Daher wurden die ersten zwei Statoren mit relativ großen Radialspalten von 4.8mm eingebaut. Dadurch erhöht sich die Seitenwandblockage im Vergleich zur nominalen Zuströmung zum dritten Stator deutlich, wie in Abbildung 4.6 ersichtlich. Bei nominalen Bedingungen beträgt die Verdrängungsdicke an der Nabe vor dem dritten Stator 2% der Kanalhöhe, durch die Vergrößerung der Radialspalte an den Statoren der ersten beiden Stufen wächst diese auf 3.5% an. Zusätzlich zu der vergrößerten Blockagewirkung der Spalte stellt sich eine Verringerung der Inzidenz ein. Diese

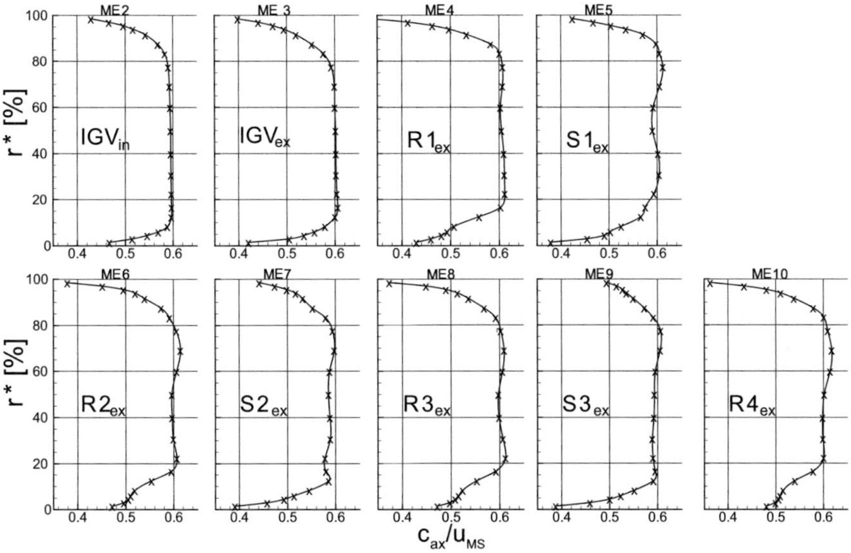

(a) Axialgeschwindigkeit

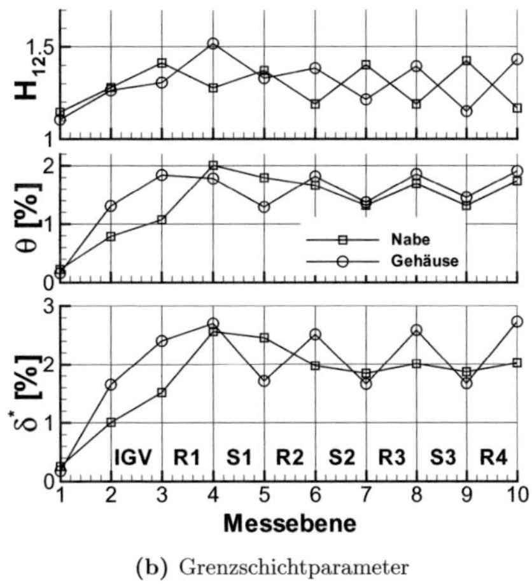

(b) Grenzschichtparameter

Abbildung 4.5: Entwicklung der Axialgeschwindigkeitsverteilung (teilungsgemittelt) und Grenzschichtparameter im Referenzaufbau des NGV

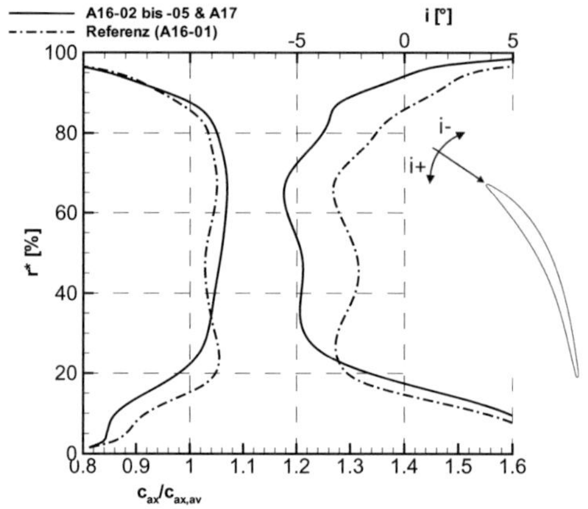

Abbildung 4.6: Axialgeschwindigkeit und Inzidenz in der Zuströmung zum dritten Stator im Auslegungspunkt $\xi = 1.00$

kann noch als unkritisch bewertet werden, da der Zuströmwinkel immer noch nahe an der optimalen Zuströmung des Stators liegt.

Im Folgenden wird diese Zuströmbedingung als konstant angesehen. Im Laufe der Messungen wurde die Abströmung aus Rotor 3 für jede Variation mit vermessen. Es stellten sich aber nur sehr geringfügige Änderungen ein, die hier nicht weiter betrachtet werden sollen.

4.2.2 Vergleich der Strömung am dritten Stator mit und ohne Deckband

Über dem dritten und vierten Stator wurden je vier Radialspaltweiten eingestellt. Dabei ist zu beachten, dass die zwei kleineren Spaltweiten geringer sind als die über Stator 1 und 2 und nur die größte Spaltweite von 6.0mm größer ist als diese. Im Vergleich dazu wurden bei den Versuchen mit Deckband am dritten Stator drei verschiedene Dichtspaltweiten realisiert. Bei den Fünflochsonden-Messungen stromab der Leitgitter wurden diese über eine Teilung traversiert, wobei die Gradienten in der Nachlaufdelle mit einer verringerten Schrittweite erfasst wurden. Um die Interpretation der Ergebnisse zu erleichtern, wurde das ermittelte Strömungsfeld in Umfangsrichtung dupliziert. Dadurch kommt es in der Mitte der Grafiken zu kleinen Unstetigkeiten, da eine echte Umfangssymmetrie aufgrund der ungleichen Schaufelanzahl von Vorleitgitter und Statorreihen für eine Statorteilung nicht gegeben ist. Abbildungen 4.7 und 4.8 zeigen den normierten Totaldruck c_p nach dem dritten Stator für die vier Radialspaltweiten und drei Spaltweiten im Deckband in den zwei vermessenen Betriebspunkten. Die Normierung erfolgt nach Gleichung 2.9 mit dem teilungsgemittelten statischen und dynamischen Druck im Mittelschnitt.

Im Auslegungspunkt ist bei Statoren mit Radialspalt (Abb. 4.7(a)) deutlich ein Anwachsen eines ovalen Druckminimums mit wachsender Spaltweite im Nabenbereich zu erkennen. Dabei bleibt die Position des Minimums in Umfangsrichtung bei 2/3 der Teilung zwischen Saug- und Druckseite etwa konstant, in radialer Richtung wächst das Verlustgebiet an. Dieses Druckminimum ist bedingt durch den Radialspaltwirbel und zeigt, dass dieser keine starke Interaktion mit der Druckseite der benachbarten Schaufel aufweist. Im Gegensatz dazu ist nahe der Stabilitätsgrenze $\xi = 0.85$ (Abb. 4.8 (a)) dieses Druckminimum vermischt mit der Nachlaufdelle der benachbarten Schaufel. Dies deutet

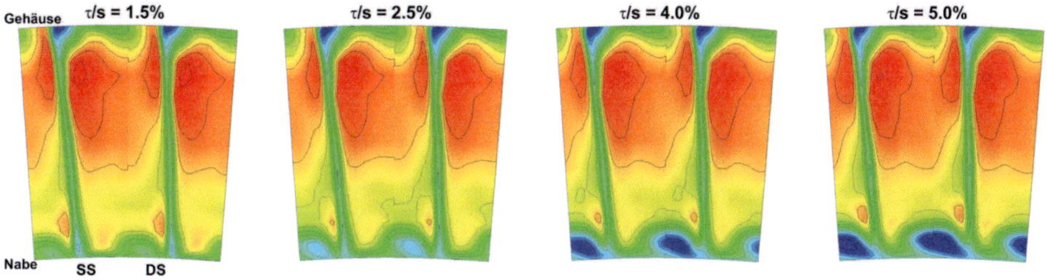

(a) Variation der Radialspaltweite an der Nabe

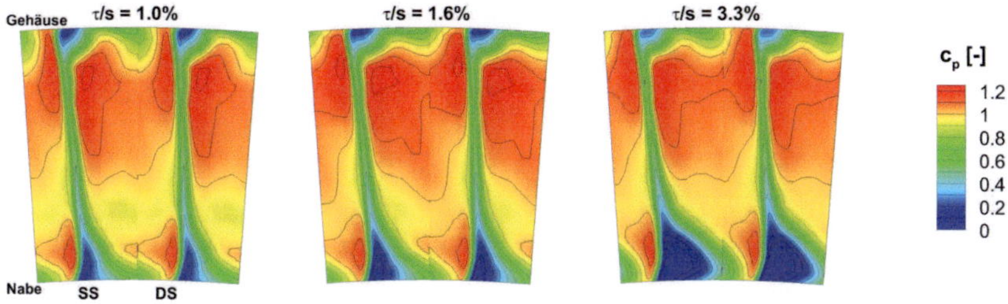

(b) Variation der Spaltweite im Deckband

Abbildung 4.7: Normierter Totaldruck c_p nach dem dritten Stator im Auslegungspunkt $\xi = 1.00$

auf eine Interaktion des Radialspaltwirbels mit der Strömung entlang der Druckseite der benachbarten Schaufel bzw. eine Vermischung mit dem Nachlauf hin. Die Nachlaufdelle ist für den Fall nahe Abriss deutlich vergrößert. Es kann vermutet werden, dass durch die stärkere Androsselung die Inzidenz zum Stator ansteigt und dadurch die saugseitige Schaufelgrenzschicht anwächst. Im äußeren Bereich des Strömungskanals ist keine wesentliche Veränderung durch die Variation der Radialspaltweite an der Nabe zu erkennen. Da der Stator am Gehäuse mit der Seitenwand fest verbunden ist, zeigt sich im normierten Totaldruck das übliche dreieckige Druckminimum einer saugseitigen Eckenablösung, welche Richtung Stabilitätsgrenze stark anwächst.

Für die drei Aufbauten mit Deckband am dritten Stator zeigt Abbildung 4.7 (b) ein erwartungsgemäß völlig unterschiedliches Verhalten des normierten Totaldruckes im Nabenbereich verglichen mit den Varianten ohne Deckband. Im Bereich der Saugseite nahe der Nabe ist ein Minimum im Totaldruck ersichtlich. Dieses wächst mit zunehmender Spaltweite im Deckband an. Die Größe dieser Eckenablösung ist im Wesentlichen von der Belastung und dem Massenstrom durch das Deckband abhängig. Sie wird durch den Kanalwirbel initiiert, welcher in der Nabengrenzschicht Fluid von der Druck- auf die Saugseite einer Schaufelpassage fördert. Dabei wird vor allem das energiearme Fluid, welches aus der Deckbandkavität vor dem Stator wieder in die Hauptströmung eintritt, auf die Saugseite der Schaufel gespült. Bedingt durch den Kanalwirbel und verstärkt durch den Fillet wird dieses Fluid auf der Saugseite auch radial nach außen gebracht. Somit entsteht ein großes Gebiet niedrigen Totaldruckes entlang der Saugseite und Nabe in der Form einer Eckenablösung. Am Gehäuse sind die Strukturen grundsätzlich ähnlich denen in Abbildung 4.7 (a) für Radialspalte an der Nabe. Es kann keine direkte Beeinflussung der Strömung im äußeren Bereich des Kanals festgestellt werden. Analog den Varianten ohne Deckband steigen die Druckverluste an Nabe und Gehäuse und die Breite der Nachlaufdelle zur Stabilitätsgrenze (Abb. 4.8) hin deutlich an. Besonders markant ist dies für die größte Dichtspaltweite,

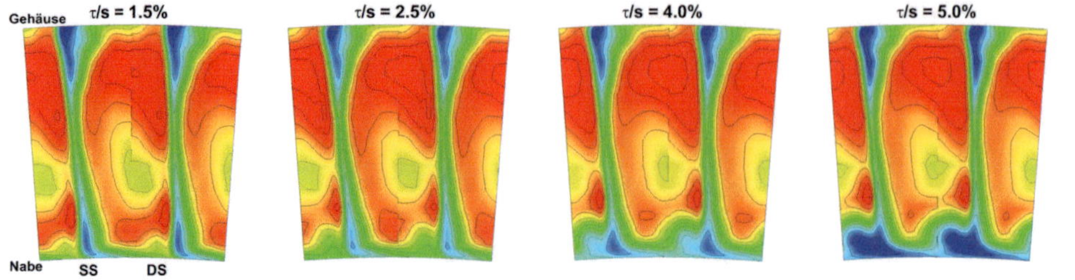

(a) Variation der Radialspaltweite an der Nabe

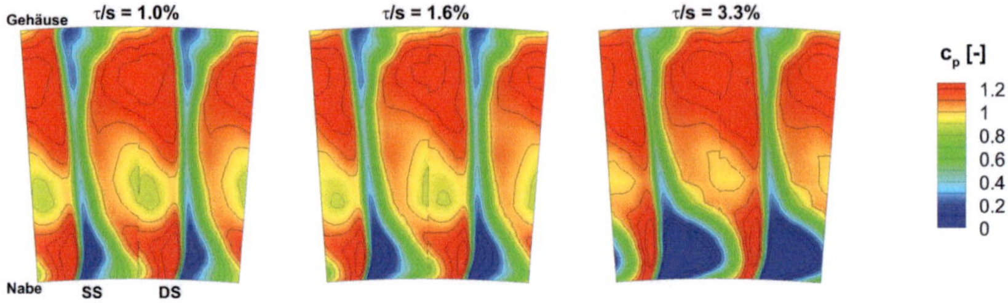

(b) Variation der Spaltweite im Deckband

Abbildung 4.8: Normierter Totaldruck c_p nach dem dritten Stator im Betriebspunkt nahe der Stabilitätsgrenze $\xi = 0.85$

bei der das Verlustgebiet an der Nabe nahe der Stabilitätsgrenze etwa 2/3 der Teilung und 1/3 der Kanalhöhe umfasst. Durch die Blockage des unteren Kanaldrittels kommt es in diesem Fall durch eine radiale Umverteilung von Massenstrom zu einer Verkleinerung der gehäuseseitigen Eckenablösung im Vergleich zu den kleineren Dichtspaltweiten.

Insgesamt ist beim Vergleich der zwei konstruktiven Varianten für Statoren in den zwei Betriebspunkten festzustellen, dass das Totaldruckfeld sich über weite Teile des Kanals unabhängig von der Gestaltung an der Nabe zeigt. Im inneren Kanaldrittel hingegen wird das Strömungsfeld, wie erwartet, von dem Radialspaltwirbel im Fall eines Stators ohne Deckband bzw. von der saugseitigen Eckenablösung im Fall der Statoren mit Deckband dominiert.

Für einen detaillierten Vergleich der Strömung um Statoren mit oder ohne Deckband sollen CFD-Simulationen genutzt werden. Die Ergebnisse der vierstufigen Simulationen des Verdichters am Austritt aus dem dritten Stator sind in Abb. 4.9 für den Auslegungspunkt analog den obigen Abbildungen wiedergegeben. Für Statoren mit Radialspalt zur Nabe wurden die kleinste Spaltweite von $\tau/s = 1.5\%$ und die größte mit $\tau/s = 5.0\%$ über Stator 3 und 4 modelliert. Demgegenüber sind die beiden kleineren Dichtspaltweiten von $\tau/s = 1.0\%$ und 1.6% für die Variante mit Deckband am dritten Stator dargestellt. Auf eine Diskussion des Strömungsfeldes für die große Spaltweite im Deckband ($\tau/s = 3.3\%$) anhand der CFD-Simulation wird verzichtet, da die bereits in der Messung massive Eckenablösung an der Nabe auch hier weiter überschätzt wird und das Ergebnis somit von geringerer Relevanz ist. Für die dargestellten Ergebnisse sind über weite Teile des Strömungsfeldes gute Übereinstimmungen zwischen Messung und Simulation für beide konstruktive Varianten festzustellen.

An Statoren ohne Deckband ist ein ovales Druckminimum an der Nabe, bedingt durch den Radialspaltwirbel, in den Messungen als dominierendes Phänomen erkennbar, vgl. Abb. 4.7 (a). Während dieses Totaldruckminimum in der Simulation für den großen Radialspalt ($\tau/s = 5.0\%$) gut erkennbar

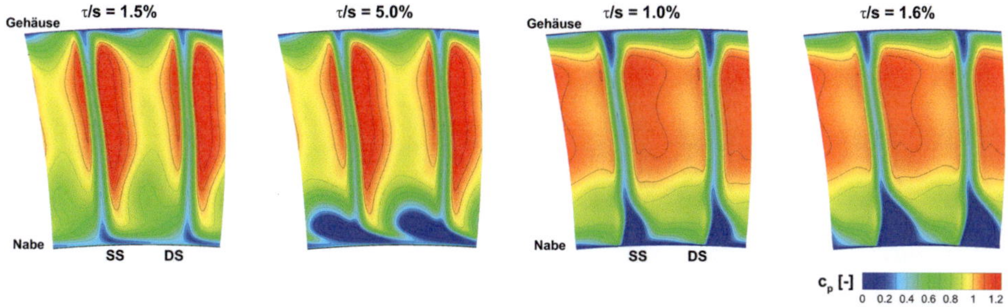

(a) Radialspalt (b) Deckband

Abbildung 4.9: Normierter Totaldruck c_p nach dem dritten Stator für CFD-Berechnung im Auslegungspunkt $\xi = 1.00$

ist, im Vergleich zur Messung sogar deutlich größer ausfällt, kann es bei der kleinen Radialspaltweite ($\tau/s = 1.5\%$) nicht identifiziert werden. In diesem Fall ist eine Aufdickung der Nachlaufdelle sowohl zur Druck- als auch zur Saugseite zu beobachten. Dies lässt auf eine Interaktion des Radialspaltwirbels mit der Druckseite der benachbarten Schaufel schließen. Ähnliches wurde für die Messung an dieser Geometrie im Betriebspunkt nahe der Stabilitätsgrenze vermutet, wo ebenso kein klar erkennbares, ovales Druckminimum gefunden wurde (Abb. 4.8 (a)). Für die CFD-Simulation soll diese Vermutung anhand von Strömungsergebnissen in der Schaufelpassage überprüft werden. Abbildung 4.10 zeigt die Verteilung des normierten Totaldruckes für mehrere Achsnormalschnitte sowie Stromlinien im Bereich des Radialspaltwirbels. Gut zu erkennen ist die Ausbildung des Radialspaltwirbels im Bereich von 20% der axialen Erstreckung der Schaufel. Die Leckageströmung durch den Radialspalt interagiert mit dem ihr entgegen wirkenden Kanalwirbel und bildet einen spiralförmigen Wirbel. Im normierten Totaldruck ist dies durch ein ovales Minimum (A) nahe der Saugseite an der Nabe für $z/l_{ax} = 22.5\%$ zu erkennen. Bereits bei 44.5% der axialen Erstreckung ist dieses Druckminimum (A) nahe der Druckseite der nächsten Schaufel zu finden. Die maximale radiale Ausdehnung des Minimums ist etwa bei 2/3 der Teilung, was in etwa der Position des Druckminimums in der Messung stromab des Stators entspricht. Der Radialspaltwirbel breitet sich in der Simulation folglich deutlich stärker in Umfangsrichtung aus als in der Messung. Im weiteren Verlauf folgt die Strömung des Radialspaltwirbels der Druckseite des Stators, wobei es teilweise zum Durchströmen des Radialspaltes dieser Schaufel im hinteren Bereich kommt. Diese Leckage von energiearmem Fluid sorgt teilweise für eine Aufdickung der saugseitigen Grenzschicht. Bis zur Messebene der Fünflochsondenmessungen (ca. 20% l_{ax} stromab der Hinterkante) vermischt sich die Nachlaufdelle mit den saug- und druckseitigen Druckminima, so dass der Radialspaltwirbel in Abb. 4.9 (a) für den kleinen Spalt nicht mehr zu erkennen ist. Beispielhaft ist die Ausrichtung des Radialspaltwirbels für den dritten Stator mit kleinem und großem Spalt an der Nabe in Abb. 4.11 für Flutflächen mit konstantem Radius auf Höhe der Radialspaltweite ($r^* = \tau/s$) dargestellt. Dazu wurde die axiale Geschwindigkeitskomponente c_{ax} als Parameter gewählt. Der Radialspaltwirbel blockiert die Hauptströmung und ist folglich an einem Minimum der axialen Geschwindigkeitskomponente erkennbar. Die Trajektorie des Radialspaltwirbels kann durch die Ausrichtung dieses Minimums approximiert werden. Im Fall der kleinen Spaltweite breitet sich der Spaltwirbel, wie bereits diskutiert, vom vorderen Drittel der Schaufel ausgehend über die Passage aus und beeinflusst die Druckseite des nächsten Stators ab etwa 60% der Sehne. Im Vergleich dazu

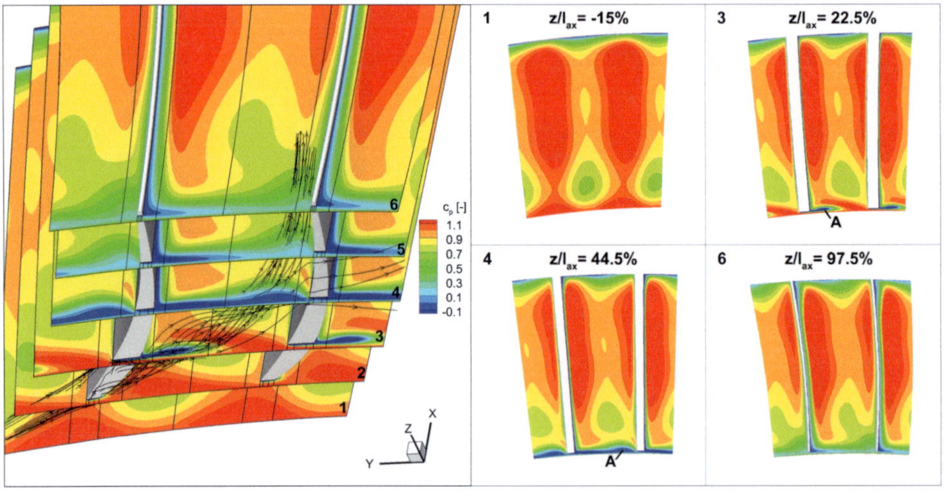

Abbildung 4.10: Entwicklung des Radialspaltwirbels am dritten Stator mit kleinem Radialspalt ($\tau/s = 1.5\%$): normierter Totaldruck c_p für verschiedene Achsnormalschnitte im Auslegungspunkt $\xi = 1.00$

beginnt die Entwicklung des Radialspaltwirbels für den größeren Spalt erst bei 30-40% der Sehne und ist zunächst stärker in axiale Richtung ausgerichtet. Bei etwa 50% der Sehne ändert sich die Trajektorie des Wirbels für diese Ebene deutlich zur Umfangsrichtung. Im hinteren Drittel der Sehnenlänge kommt es schließlich zu einer Beeinflussung der Druckseite der benachbarten Schaufel. Da die Interaktion für den großen Spalt erst deutlich später beginnt, bleibt die Struktur des Wirbels in Form des ovalen Totaldruckminimums in der Messebene stromab des Stators erhalten.

Die wesentliche Triebkraft des Radialspaltwirbels ist in der Druckdifferenz zwischen Druck- und Saugseite und der Relativbewegung der Seitenwand zur Schaufel zu sehen. Die Überprüfung der in der CFD-Berechnung ermittelten Druckverteilung über der Schaufel kann mit Profildruckmessungen erfolgen. Für ausgewählte radiale Positionen sind Messdaten (mit Symbol) und CFD-Ergebnisse (ohne Symbol) in Abb. 4.12 zusammengestellt. In der Kanalmitte $r^* = 50\%$ liegt eine sehr gute Übereinstimmung von Messung und Rechnung vor. Dargestellt ist dies ausschließlich für den kleinen Spalt. Da keine Beeinflussung der Profildruckverteilung in der Kanalmitte für den großen Spalt auftritt, sind die Daten auch für diesen Fall repräsentativ. Am Stator mit kleinem Radialspalt von $\tau/s = 1.5\%$ wird die Druckverteilung auch nahe des Spaltes bei $r^* = 4.7\%$ gut vorausgesagt. Die größte Druckdifferenz über dem Profil tritt für diesen Radius bei etwa 20% der Sehne auf. Folglich ist sowohl für das Experiment als auch für die Simulation mit der Entstehung des Radialspaltwirbels im vorderen Drittel der Schaufel zu rechnen. Da in diesem Punkt gute Übereinstimmung zwischen Messung und Rechnung auftritt, ist eine falsche Vorhersage der Druckverteilung als Ursache für die Abweichung der Wirbeltrajektorie ausgeschlossen. Für die große Spaltweite von $\tau/s = 5.0\%$ sind Messdaten nahe am Spalt erst bei einem Radius von $r^* = 12.5\%$ verfügbar. Die Simulation zeigt hierbei Abweichungen von den Messdaten. Auf der Saugseite und bis 50% der Druckseite sind diese akzeptabel. Deutlich unterschätzt wird jedoch der Druck entlang den hinteren 50% der Sehnenlänge auf der Druckseite.

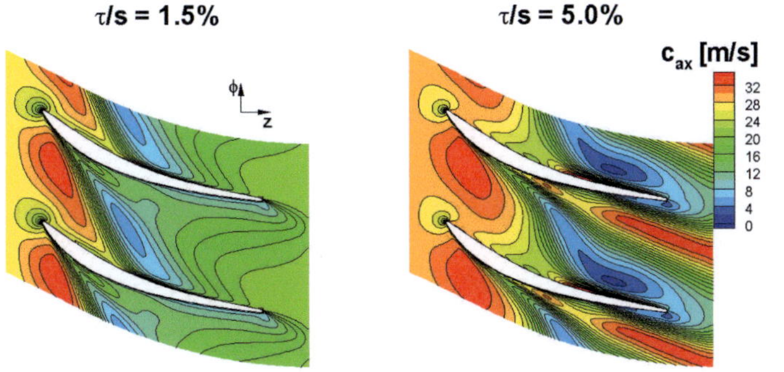

Abbildung 4.11: Verteilung der axialen Geschwindigkeitskomponente c_{ax} für $r^* = \tau/s$ am dritten Stator für CFD-Simulation im Auslegungspunkt $\xi = 1.00$

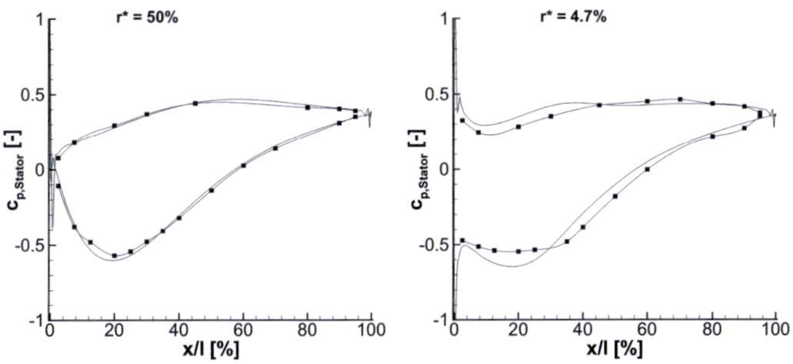

(a) $\tau/s = 1.5\%$

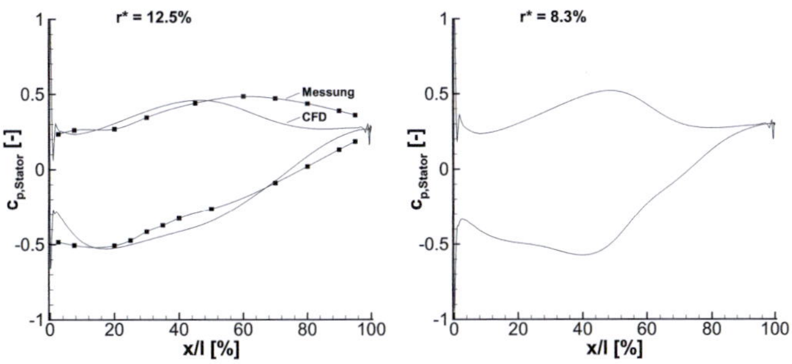

(b) $\tau/s = 5.0\%$

Abbildung 4.12: Profildruckverteilung am Stator 3 im Auslegungspunkt $\xi = 1.00$

In diesem Bereich sinkt der statische Druck auf der Schaufeloberfläche durch die Interaktion mit dem Radialspaltwirbel der benachbarten Schaufel. Da ein derartiges Verhalten im Experiment nicht ersichtlich ist, muss davon ausgegangen werden, dass der Radialspaltwirbel sich auch für den großen Spalt zu weit in Umfangsrichtung ausbreitet. Eine weitere Profildruckverteilung näher am Radialspalt bei $r^* = 8.3\%$ bestätigt zudem die spätere Entstehung des Wirbels aufgrund einer Verschiebung der maximalen Druckdifferenz zu 40-50% der Sehnenlänge gegenüber dem kleinen Spalt, wie anhand Abb. 4.11 bereits vermutet. Für die später folgende Auslegung einer neuen Beschaufelung, welche eine geringere Sensitivität gegenüber großen Radialspaltweiten aufweist, ist die richtige Vorhersage der Profildruckverteilung, insbesondere der maximalen Druckdifferenz, eine wichtige Voraussetzung. Dies ist mit Ausnahme kleiner Abweichungen für den Radius $r^* = 4.7\%$ bei der kleinsten Spaltweite für alle anderen Messradien gegeben.

Neben der Entwicklung des Radialspaltwirbels lässt sich in Abb. 4.10 auch die Veränderung des Totaldruckfeldes beim Durchströmen der Statorpassage beobachten. Die CFD-Simulationen weisen in Abb. 4.9 (a) für Statoren mit Radialspalt zur Nabe eine deutliche Variation des Totaldruckes im mittleren Passagenbereich zwischen Saug- und Druckseite auf. Entlang der Saugseite tritt ein Gebiet erhöhten Totaldruckes auf, welches an der Druckseite nur im äußeren Kanaldrittel als schmaler Streifen ersichtlich ist. Für den Fall mit Deckband Abb. 4.9 (b) ist eine ähnliche Variation in abgeschwächte Form ersichtlich. In den Messungen treten derartige Gebiete ausschließlich in der oberen Kanalhälfte im Auslegungspunkt auf. Stromauf des Stators (Abb. 4.10 $z/l_{ax} = -15\%$) ist eine Variation des Totaldruckes in Umfangsrichtung zu beobachten, welche einer Potentialwirkung des Stators ähnelt. Lokale Einflüsse des Rotors oder stromaufliegender Statoren sind für die stationäre Strömungssimulation wegen der Mischungsebenen ausgeschlossen. Das Gebiet hohen Totaldruckes befindet sich im Bereich der Vorderkante identisch zum Bereich hohen statischen Druckes in Folge der Verdrängungswirkung der Schaufel. Dass sich die Potentialwirkung auf den Totaldruck auswirkt, liegt vermutlich an der Implementation des Rotor-Stator-Interfaces, welches die Ströme von Energie, Masse und Impuls umfangsgemittelt übergibt. Dieses physikalisch nicht korrekte Verhalten wurde mit dem Support von Numeca diskutiert. Es wird vermutet, dass dieses Phänomen nur im Zusammenspiel mit den vorherrschenden niedrigen Machzahlen auftritt. Da das Rotor-Stator-Interface im Fall mit Deckband weiter stromauf verschoben wurde, fällt die Potentialwirkung des Stators aufgrund des größeren Abstands schwächer aus, wodurch die Variation im Totaldruck geringer ist. In den Messungen ist eine ähnliche Topologie der Totaldruckverteilung durch den Einfluss stromaufbefindlicher Statoren und des Vorleitgitters bedingt. Das Gebiet hohen Totaldruckes wird schließlich von der Schaufel geteilt, wobei der größere Teil entlang der Saugseite durch die Passage strömt. Während der druckseitige Teil sukzessive schmaler wird, bleibt der saugseitige Bereich etwa konstant erhalten. Die unterschiedliche Größe der Totaldruckmaxima zwischen Messung und Simulation ist nicht durch die Strömung am dritten Stator verursacht, sondern ist in Abweichungen der Simulation der vorangehenden Stufen zu sehen. Wie in Abb. 4.13 ersichtlich, weicht die simulierte Totaldruckverteilung teilweise deutlich von der Messung ab. Während in der Simulation ein gleichmäßig hoher Totaldruck von 40-90% der Kanalhöhe auftritt, welcher sich im Druckmaximum in Abb. 4.10 ($z/l_{ax} = -15\%$) widerspiegelt, wurde in der Messung ein lokales Druckmaximum bei 80% Kanalhöhe detektiert und in der inneren Kanalhälfte ein ausgedehntes Druckminimum. Dies bedingt die stromab des Stators auftretenden kleineren Gebiete hohen Totaldruckes im äußeren Kanaldrittel. Die Ursache für die Abweichungen der CFD-Simulation von den Messergebnissen ist nicht eindeutig zu bestimmen. Neben allgemeinen Modellierungsfehlern (z. Bsp. bedingt durch das einfache Turbulenzmodell) können Vereinfachungen in der geometrischen Modellierung zu Abweichungen führen. Letztere wurden zwar über die optische

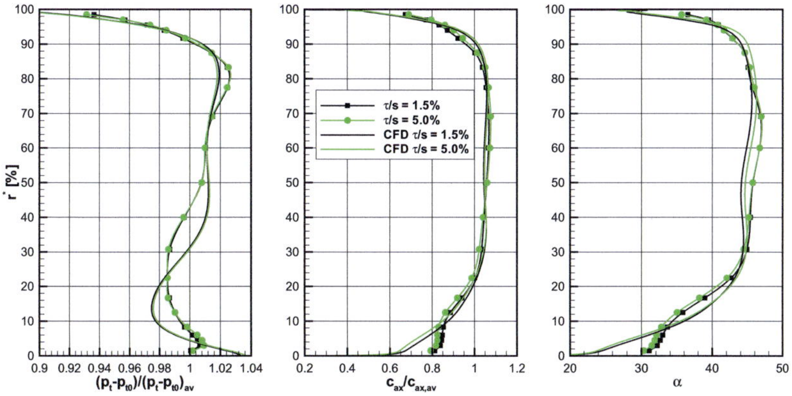

Abbildung 4.13: Vergleich der Zuströmung zum dritten Stator für CFD-Simulation und Messung im Auslegungspunkt $\xi = 1.00$

Vermessung der Beschaufelung und Verwendung einer daraus abgeleiteten Realgeometrie versucht zu minimieren, jedoch sind weitere Vereinfachungen unumgänglich. So müssen beispielsweise unbekannte Leckagen über dem Gehäuse, minimale Stufen an Bauteilgrenzen und konstruktionsbedingte, minimale Teilspalte an den Einspannseiten der Beschaufelung vernachlässigt werden, da sie teilweise nicht bekannt oder für die Modellierung zu komplex sind. Derartige Abweichungen summieren sich unter Umständen bei der Durchströmung der vorangehenden Stufen und tragen so zu den in Abb. 4.13 erkennbaren Abweichungen stromauf des dritten Stators bei.

Analog zu der Entwicklung der Totaldruckmaxima lässt sich die Ursache des Totaldruckminimums am Gehäuse mittig zwischen zwei Statoren in Abb. 4.10 finden. Bedingt durch beschriebene Auswirkung der Potentialwirkung des Stators auf die Totaldruckverteilung entsteht in der Mitte der Teilung ein Gebiet verringerten Totaldruckes, welches beim Durchströmen des Schaufelgitters erhalten bleibt und schließlich in der Messebene stromab des Stators als Totaldruckminimum vom Gehäuse bis zur Kanalmitte zu erkennen ist. In den Messdaten ist dieses Phänomen analog bedingt durch die verbreiterten aber noch erkennbaren Nachlaufdellen der stromauf befindlichen Statoren zu beobachten. Detailliert kann dies nur durch Clocking-Untersuchungen mit relativer Verstellung der einzelnen Statorreihen zueinander untersucht werden. Derartige Versuche wurden im Rahmen dieser Arbeit nicht durchgeführt.

Im Vergleich zu den Statoren mit Radialspalt zur Nabe wurden auch numerische Simulationen zu den untersuchten Statoren mit Deckband durchgeführt. Analog den dargestellten Messdaten am Austritt des Stators in Abb. 4.7 (b) sind in Abb. 4.9 (b) Daten der Simulationen für die beiden kleinen Dichtspaltweiten gezeigt. Im Vergleich mit den Messdaten ist besonders die Überschätzung der saugseitigen Eckenablösung auffällig. Dies erweist sich als grundlegendes Problem der gewählten Turbulenzmodellierung nach Spalart und Allmaras. Bereits für den großen Radialspalt ist eine deutliche Überschätzung des Totaldruckminimums festgestellt worden. Aufgrund dieser Überschätzung sollen im Weiteren keine numerischen Ergebnisse für den größten Dichtspalt $\tau/s = 3.3\%$ gezeigt, sowie die Diskussion primär an der kleinsten Dichtspaltweite geführt werden. Abbildung 4.14 (a) veranschaulicht dazu die Topologie der Ablösung anhand von wandnahen Stromlinien. Die Verteilung der axialen Geschwindigkeitskomponenten in einem Achsnormalschnitt nahe der Hinterkante des Stators, verbunden

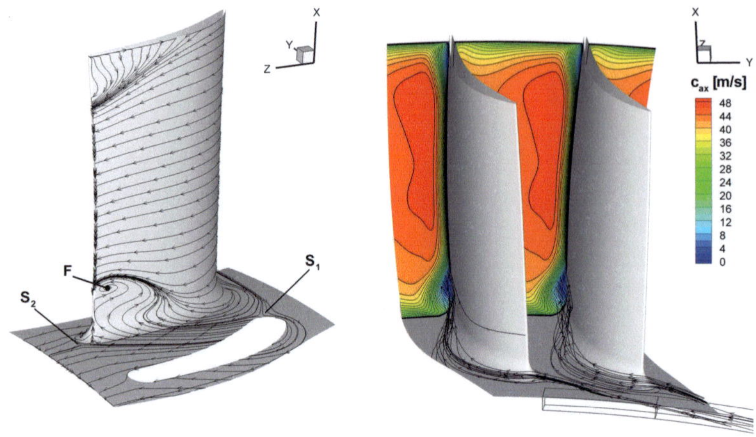

(a) Quasi-Wandstromlinien (b) Stromlinien

Abbildung 4.14: Stromlinien und axiale Geschwindigkeitskomponente für Stator 3 mit Deckband ($\tau/s = 1.0\%$) im Auslegungspunkt $\xi = 1.00$

mit Stromlinien, welche durch das saugseitige Geschwindigkeitsminimum gehen, verdeutlichen die Ursache des Totaldruckminimums (Abb. 4.14 (b)). Die gezeigten Stromlinien entstammen nahezu alle der Deckbandkavität, deren Austrittsblock schematisch angedeutet ist. Das Einströmen des Leckagemassenstroms ist radial stark begrenzt. Die Strömung passiert die Vorderkante des Stators saugseitig nahe der Nabe und wird in der Passage durch den Druckgradienten zwischen Druck- und Saugseite, entsprechend der eingangs erläuterten Sekundärströmung, zur Saugseite abgelenkt. Bedingt durch den Radius am Fuß der Schaufel strömt das energiearme Fluid auf der Saugseite radial nach außen und bildet eine saugseitige Ablösung. Die Topologie der Ablösung ist in Abb. 4.14 (a) erkennbar. Analog der Darstellung von Gbadebo *et al.* [23] (vgl. Abb. 1.5) können kritische Punkte identifiziert werden. Am auffälligsten ist dabei ein Fokuspunkt (F) auf der Saugseite nahe der Hinterkante, in dem sich die Quasi-Stromlinien spiralförmig sammeln. Dieser entspricht dem von Schulz *et al.* vorgeschlagenen Ausgangspunkt eines Ringwirbels. Die Existenz eines derartigen Wirbels wird jedoch durch die Quasi-Stromlinien auf der Seitenwand nicht bestätigt. Sattelpunkte sind auf der Nabe nahe der Vorderkante (S_1), im Bereich des Staupunktes bzw. des Entstehungspunktes des Hufeisenwirbels, und nahe der Hinterkante (S_2) stromab des Stators erkennbar. Der von Gbadebo *et al.* [23] beschriebene Knoten- (N_2) und Sattelpunkt (S_3) an der Verbindung von Saugseite und Nabe, von denen ausgehend die Separationslinie auf der Saugseite die Ablösung begrenzt, ist hier bedingt durch den Fillet nicht mehr vorhanden. Auf der Saugseite oberhalb des Radius bei etwa 60-70% der Sehnenlänge sammeln sich die Quasi-Stromlinien entlang der Separationslinie, welche die Ablösung auf der Saugseite begrenzt, und folgen dieser. Diese Separationslinie nimmt ihren Ursprung im Sattelpunkt (S_1) vor der Vorderkante der benachbarten Schaufel in Form des druckseitigen Astes des Hufeisenwirbels. Auf die Unterschiede der Topologie einer Ablösung an Statoren mit und ohne Rundungsradius am Übergang von Schaufel zu Plattform wird in Anhang A.3 detaillierter eingegangen. Darüber hinaus veranschaulichen die Quasi-Stromlinien auf der Nabe die Mehrumlenkung infolge des Kanalwirbels.

Die wesentliche Bedeutung des durch das Deckband rezirkulierenden Massenstroms ist an den bereits diskutierten Messergebnissen deutlich ersichtlich und wurde auch in Abschnitt 1.2 besprochen. Daher wurde in diesem Projekt versucht, den Massenstrom über geeignete Messverfahren zu ermitteln. Hierzu kam zum Einen eine Subminiatur-Hitzdrahtsonde mit spezieller Traversiervorrichtung zum Einsatz, zum Anderen wurden im Deckbandspalt pneumatische Messungen durchgeführt. Letztere gehen auf die sogenannte CPM3-Methode zurück. Es wurden mehrere Pitotröhrchen unterschiedlichen Durchmessers wandbündig bzw. mit geringem Wandabstand in den Dichtungsspalt der Kavität eingebracht. Das daraus folgende Totaldruckprofil kann unter Annahme einer Verteilung des Strömungswinkels im Spalt und Kenntnis des statischen Druckes zur Massenstrombestimmung verwandt werden. Problematisch bei diesem Verfahren ist der unbekannte Strömungswinkel im Spalt, welcher für die korrekte Anströmung der Pitotröhrchen und die anschließende Auswertung benötigt wird. Weiterhin kommt es über den Querschnitt der Bohrung des Pitotrohres, welches innerhalb eines Grenzschichtprofiles steht, zu einer Mittelung. Die korrekte Zuordnung des Mittelwertes zu einem Wandabstand würde wiederum die Kenntnis des Geschwindigkeitsprofils voraussetzen. Die Hitzdrahtmesstechnik wurde so eingebaut, dass eine Traversierung am Austritt des Dichtungsspaltes möglich war. Somit konnte das Geschwindigkeitsprofil kurz nach dem Spalt vermessen werden. Ein zweites System wurde unterhalb des Kavitätsaustrittes montiert. Beide Hitzdrahtsysteme sind im Detail beschrieben in [25]. Bei Ausrichtung des Hitzdrahtes zur Messung einer Geschwindigkeitskomponente ergeben sich zu große Geschwindigkeiten durch eine nicht senkrechte Anströmung des Drahtes. Weitere Fehler des Hitzdrahtsystems ergeben sich aus Temperaturunterschieden zwischen Kalibrierung und Messung, welche sich nur zum Teil korrigieren lassen. Die Ergebnisse der Messverfahren werden im Vergleich mit CFD-Berechnungen von Schäfer [70] diskutiert. An dieser Stelle sollen nur die mittleren Massenströme in Tabelle 4.1 genannt werden. Diese entsprechen den Mittelwerten der einzelnen Mess- und Auswerteverfahren für beide Betriebspunkte, wobei die Streuung der Ergebnisse bei $\pm 0.5\%$ des Designmassenstroms liegt. Eine genauere Bestimmung des Kavitätsmassenstroms auf experimenteller Basis ist unter den gegebenen Bedingungen nicht möglich. Eine signifikante Abhängigkeit vom Betriebspunkt ist dabei nicht festzustellen. Die Werte, basierend auf den vierstufigen numerischen Simulationen, sind in der dritten Spalte zum Vergleich angegeben. Für die kleineren Spaltweiten sind diese am unteren Ende des Toleranzbandes der Messung angesiedelt, lediglich für den großen Spalt tritt eine merkliche Unterschätzung auf. Dies ist durch den unterschätzten Druckaufbau über dem Stator in Folge der Überschätzung der Eckenablösung in diesem Fall zu erklären. Wellborn [85] zeigt für die von ihm untersuchte Deckbandkavität mit einer Dichtspitze den Zusammenhang von Massenstrom und Dichtspaltweite. Die hier untersuchte kleinste Dichtspaltweite entspräche mit ihrem gemessenen Massenstromanteil von 0.8% einer Spaltweite von ca. 1.1% der Kanalhöhe für die Deckbandgeometrie von Wellborn. Diese Konfiguration liegt damit zwischen der nominalen und der vergrößerten Spaltweite seiner Versuche. Die mittlere Spaltweite der aktuellen Untersuchung liegt im Bereich des maximal von Wellborn vermessenen Massenstroms. Wellborn analysierte dabei nach eigenen Aussagen Kavitätsmassenströme, die in ausgeführten Triebwerken realistisch sind. Daher ist

Tabelle 4.1: Kavitätsmassenstrom im Auslegungspunkt

τ/s [%]	$\dot{m}_{Kav}/\dot{m}_{AP}$[%]	$\dot{m}_{Kav,CFD}/\dot{m}_{AP}$[%]
1.0	0.8 ± 0.5	0.5
1.6	1.35 ± 0.5	0.9
3.3	2.3 ± 0.5	1.3

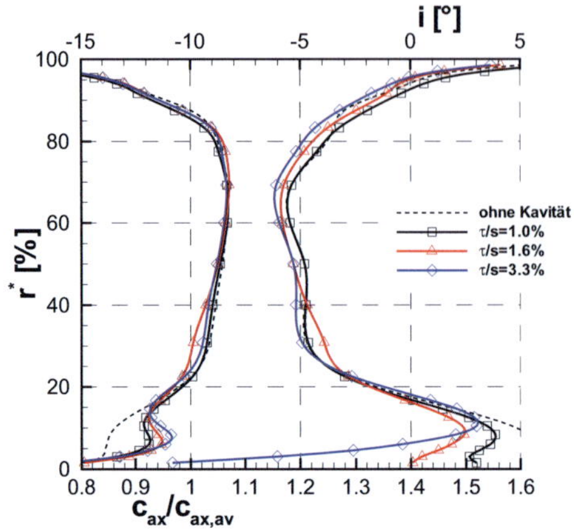

Abbildung 4.15: Axialgeschwindigkeit und Inzidenz in der Zuströmung zum dritten Stator nach dem Kavitätsauslass im Auslegungspunkt

festzuhalten, dass die Spaltweiten in dieser Arbeit repräsentativ für große Dichtspaltweiten in realen Triebwerken und Hochdruckverdichtern, wie sie in den hinteren Stufen auftreten können, sind.

Bereits die Diskussion der Zuströmbedingung in Abb. 4.6 zeigt für die vergrößerten Radialspaltweiten über den ersten beiden Statoren, dass der dritte Stator eine erheblich gesteigerte Seitenwandblockage im Nabenbereich erfährt, was zu einer Vergrößerung der Eckenablösung führen kann. Zusätzlich verursacht die Beimischung der Strömung durch das Deckband direkt vor dem Stator eine weitere Veränderung der Zuströmung zum dritten Stator. Abbildung 4.15 zeigt die Veränderung der Zuströmung in der Messebene nach dem Kavitätsauslass nahe der Vorderkante des Stators 3, vergleiche Abb. 2.4. Mit steigender Spaltweite im Dichtsystem des Deckbandes steigt der Massenstrom, der rezirkuliert. Dies äußert sich schließlich in einer steigenden Axialgeschwindigkeitskomponente nahe der Nabe nach dem Auslass. Gleichzeitig ist eine Verringerung der Inzidenz hin zu negativen Werten zu beobachten, woraus folgt, dass die Strömung stärker Richtung Saugseite der Schaufel gerichtet ist. Diese Ausrichtung unterstützt die Förderung von energiearmem Fluid aus der Seitenwandgrenzschicht auf die Saugseite durch den Kanalwirbel. Da die Verringerung der Inzidenz mit steigendem Massenstrom im Deckband zunimmt, muss ein funktionaler Zusammenhang zu der Strömung am Kavitätsaustritt bestehen. Die Strömung aus der Kavität Richtung Hauptstrom passiert eine schmale Passage, deren eine Wand mit dem Rotor rotiert, während die andere Seite zum feststehenden Deckband gehört. Die Strömung wird an der dem Rotor zugewandten Seite durch die Haftbedingung in Umfangsrichtung beschleunigt an der anderen Seite jedoch nicht. Das führt zu einer insgesamt niedrigeren Umfangsgeschwindigkeitskomponente als in der Abströmung des Rotors. Bei der Vermischung mit der Hauptströmung wird folglich die Komponente c_u verringert, wodurch bei gleichzeitig steigender axialer Komponente die Inzidenz sinkt.

Die teilungsgemittelten, radialen Verteilungen von Totaldruck, axialer Geschwindigkeitskomponente und absolutem Strömungswinkel werden in Abb. 4.16 für die beiden konstruktiven Varianten und Betriebspunkte verglichen. Dabei sind die Werte für Statoren mit Radialspalt an der Nabe mit offenen Symbolen und Strich-Punkt-Linien dargestellt, Statoren mit Deckband entsprechend mit gefüllten Symbolen bei durchgezogener Linie. Die Normierung von Totaldruck und axialer Geschwindigkeits-

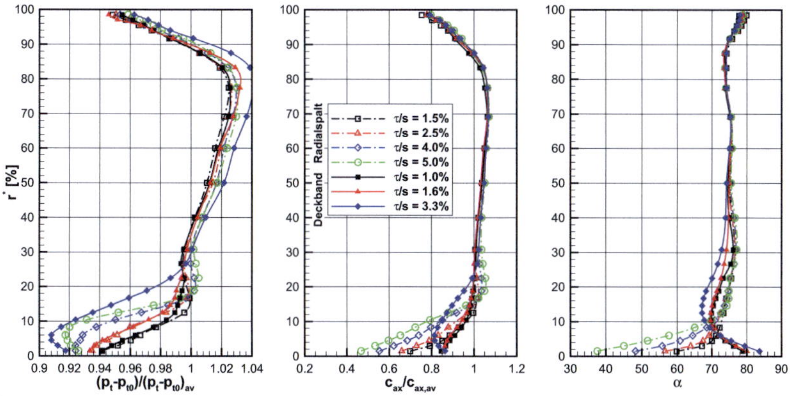

(a) Auslegungspunkt $\xi = 1.00$

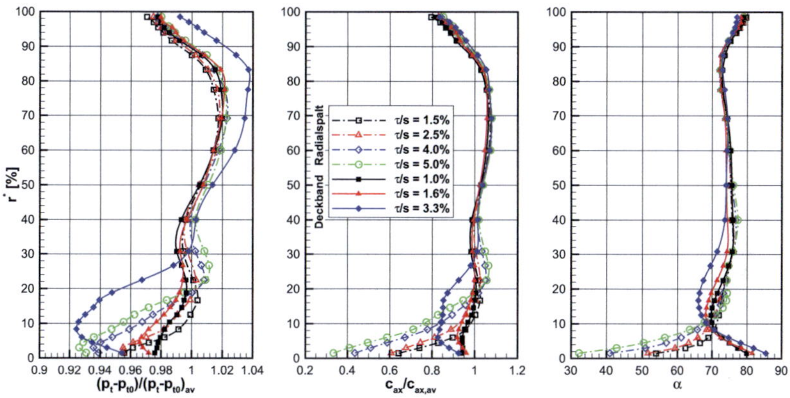

(b) nahe der Stabilitätsgrenze $\xi = 0.85$

Abbildung 4.16: Normierter Totaldruck, normierte Axialgeschwindigkeit und absoluter Strömungswinkel nach dem dritten Stator bei Variation der Radialspaltweite bzw. Spaltweite im Deckband; teilungsgemittelt

komponente erfolgt jeweils auf den Mittelwert der Größe über der Kanalhöhe. Bedingt durch die Messung des jeweiligen Betriebspunktes bei konstantem Massenstrom ist der Mittelwert der axialen Geschwindigkeitskomponente konstant. Das lokale Totaldruckminimum bedingt durch den Radialspaltwirbel ergibt in den teilungsgemittelten radialen Verteilungen ein starkes Absinken des Totaldruckes zur Nabe hin. Mit steigender Radialspaltweite verstärkt sich dieser Effekt. Damit verbunden bewirkt der Radialspaltwirbel eine steigende Blockage und eine stark erhöhte Minderumlenkung der Statorschaufel an der Nabe. Es ist deutlich ersichtlich, dass die Variation der Radialspaltweite am Stator in beiden Betriebspunkten die inneren 30-40% der Kanalhöhe am stärksten beeinflusst. Die Statoren mit Deckband an der Nabe zeigen in ähnlicher Form ein Totaldruckminimum an der Nabe, welches jedoch von der saugseitigen Eckenablösung verursacht wird. Im Designpunkt (Abb. 4.16 (a)) sind die beiden kleineren Spaltweiten vergleichbar mit den zwei kleinen Radialspaltweiten des deckbandlosen Stators. Es lässt sich daraus schlussfolgern, dass für Statoren mit Radialspalt Spaltweiten von $\tau/s = 1.5\%$ bzw. 2.5% das gleiche Totaldruckdefizit an der Nabe verursachen wie Statoren mit Deckband bei einem kleineren Dichtungsspalt von $\tau/s = 1.0\%$ bzw. 1.6%. Bezogen auf die Dichtfläche ist der Unterschied noch markanter, da die Dichtung innerhalb des Deckbandes auf einem kleineren Radius realisiert wird. Im Gegensatz dazu ist die Blockage und die Beeinflussung der Umlenkung bei Statoren mit Deckband weniger von der Dichtungsweite abhängig. Die Verteilungen der normierten axialen Geschwindigkeitskomponente für die beiden kleineren Dichtspaltweiten im Deckband sind nahezu identisch und entsprechen der Verteilung für den kleinsten Radialspalt. Der absolute Strömungswinkel stromab des Stators verhält sich bei Statoren mit Deckband grundlegend anders als für Statoren ohne Deckband. Während der Radialspaltwirbel eine verstärkte Minderumlenkung in den inneren 10% der Kanalhöhe erzeugt, ist bei Statoren mit Deckband eine Beeinflussung des Strömungswinkels bis zu 40% des Kanals festzustellen. Diese ist begründet in der größeren radialen Erstreckung der Eckenablösung im Vergleich zum Radialspaltwirbel, vgl. Abb. 4.7. Der wesentliche Unterschied in der Umlenkung folgt dabei aus der feststehenden Nabenkontur. Bereits in der Passage kommt es zu einer Mehrumlenkung, wie sie für die Entstehung von Sekundärströmungen in Abschnitt 1.1 erläutert wurde. Bedingt durch diese Sekundärströmung wird Grenzschichtmaterial auf der Nabe in Richtung der Saugseite der Schaufel gelenkt. Die sich bildende Eckenablösung führt zu einer weiteren Blockage. In der Messebene stromab des Schaufelgitters wird dann die erreichte Umlenkung, beeinflusst durch die Sekundärströmung und die Umströmung der Ablösung, vermessen und gemittelt. Resultierend sind bis 8% Kanalhöhe Werte des Abströmwinkels oberhalb des Metallwinkels an der Hinterkante beobachtbar, diese Mehrumlenkung folgt aus der wandnahen Sekundärströmung. Im Bereich von 10-40% der Kanalhöhe ist die Minderumlenkung infolge des Kanalwirbels, welcher in diesem Bereich der Umlenkung entgegenwirkt, zu verzeichnen.

Bei höherer Belastung nahe der Stabilitätsgrenze sind die Totaldruckdefizite der beiden Bauformen stark unterschiedlich. Die Statoren mit Deckband reagieren auf die höhere Belastung deutlich stärker mit einem niedrigeren Totaldruck im inneren Kanaldrittel. Analog dem Auslegungspunkt ist die Auswirkung auf Blockage und Umlenkung hingegen sehr gering. Die Statoren mit Radialspalt reagieren bezüglich Blockagewirkung und Umlenkung an der Nabe wesentlich empfindlicher auf den Betriebspunkt und die Spaltweite. Dies hat insbesondere Auswirkungen auf den nachfolgenden Rotor, da das Absinken von axialer Geschwindigkeitskomponente und absolutem Strömungswinkel an der Nabe mit steigendem Radialspalt zu einer Verringerung des relativen Strömungswinkels und damit zu einer Verschiebung der Inzidenz in positive Richtung führt. Für die Statoren mit Deckband bei kleinem Dichtspalt ist dieser Effekt nicht zu beobachten, da Blockage und Umlenkung wesentlich geringer beeinflusst sind.

Für die beiden hier untersuchten Betriebspunkte sind die normierten Verläufe der Messgrößen im mittleren und äußeren Kanal nahezu identisch. Am Gehäuse sorgen die Seitenwandgrenzschicht und die saugseitige Eckenablösung für ein Absinken des Totaldruckes und der Axialgeschwindigkeit, während der Abströmwinkel Richtung Seitenwand steigt.

Eine Sonderstellung nimmt die größte Dichtspaltweite am Stator mit Deckband ein. Hier kommt es, wie schon in Abb. 4.7 und 4.8 ersichtlich, zu einem massiven Totaldruckminimum im unteren Kanaldrittel, welches die Strömung im gesamten Kanal verändert. Die massive Behinderung der Strömung durch die stark vergrößerte Eckenablösung führt zu erhöhter Blockage und Minderumlenkung in den unteren 20-30% der Kanalhöhe. Weiterhin ist in Abb. 4.8 (b) eine Verminderung der saugseitigen Eckenablösung am Gehäuse zu beobachten. Bedingt durch die starke Blockage an der Nabe wird Fluid radial nach

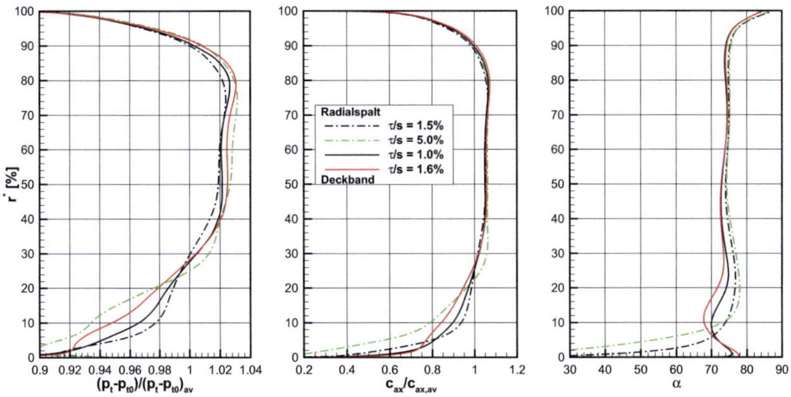

Abbildung 4.17: Teilungsgemittelte CFD-Ergebnisse für normierten Totaldruck, normierte Axialgeschwindigkeit und absoluten Strömungswinkel nach dem dritten Stator bei Variation der Radialspaltweite bzw. Spaltweite im Deckband im Auslegungspunkt $\xi = 1.00$

außen verlagert und vermindert so die Ansammlung von energiearmem Fluid an der Saugseite des Stators nahe dem Gehäuse. Dies ist in den teilungsgemittelten Verläufen in Abb. 4.16 (b) durch ein erhöhtes Druckniveau in der dimensionslosen Darstellung ersichtlich. Auch die normierte axiale Geschwindigkeitskomponente ist über weite Teile des Kanals tendenziell leicht erhöht.

Auch für die teilungsgemittelten Daten soll die Vorhersagegenauigkeit der CFD-Berechnung überprüft werden. Abb. 4.17 zeigt die Daten für ausgewählte Spaltweiten analog zu Abb. 4.16 (a). Für Statoren mit Radialspalt stimmen die axiale Geschwindigkeitskomponente und der Strömungswinkel sehr gut für Messung und Rechnung überein. Abweichungen treten lediglich im Bereich von 10-20% der Kanalhöhe auf, das lokale Geschwindigkeitsmaximum in der Messung wird hier von der CFD nicht ermittelt. Ursächlich hierfür ist vermutlich die abweichende Trajektorie des Radialspaltwirbels im Vergleich zur Messung, wodurch auch die Bereiche verdrängten höher-energetischen Fluids fehlen. Wichtig für die spätere Auslegung einer neuen Beschaufelung ist die gute Vorhersage der Blockageerhöhung und Minderumlenkung bei Vergrößerung der Spaltweite. In der Totaldruckverteilung treten hingegen größere Abweichungen auf. Nur zwischen 70% Kanalhöhe und Gehäuse sind die Ergebnisse von Messung und Simulation identisch. Die Simulation ermittelt von 80% bis 40% der Kanalhöhe eine relativ gleichmäßige Verteilung des Totaldruckes, in der Messung hingegen sinkt der Totaldruck bereits ab 70% einwärts ab. Die Ursache dieser Diskrepanz liegt, wie Abb. 4.13 bereits gezeigt hat, an der Simulation der vorangehenden Schaufelreihen. CFD-Berechnungen des dritten Stators als erste Schaufelreihe eines Teilmodells mit Messdaten als Eintrittsrandbedingung könnten diese Unterschiede beheben, sind jedoch nicht geeignet um das globale Betriebsverhalten vorherzusagen. Der Fokus sei daher ausschließlich auf den Randbereich gelegt um die Auswirkung des Radialspaltwirbels zu analysieren. Für beide Radialspaltweiten unterschätzt die Numerik den Totaldruck bis etwa 25% Kanalhöhe deutlich. Die Auswirkung der Spaltweitenänderung wird analog zu den anderen beiden Strömungsgrößen auf den Totaldruck gut vorhergesagt.

Beim Vergleich der CFD-Ergebnisse für Statoren mit Deckband mit den Messergebnissen fällt auf, dass die Blockage und die Verringerung des Totaldruckes im inneren Kanaldrittel deutlich überschätzt

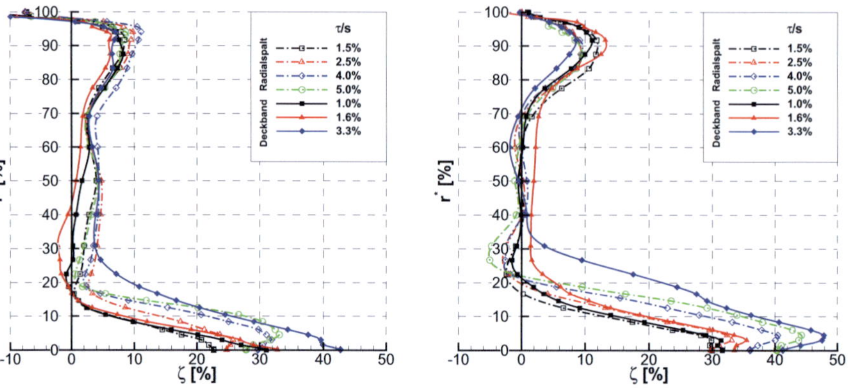

(a) Auslegungspunkt $\xi = 1.00$ (b) nahe der Stabilitätsgrenze $\xi = 0.85$

Abbildung 4.18: Radiale Verteilung des Totaldruckverlustes über dem dritten Stator bei Variation der Radialspaltweite an der Nabe bzw. des Dichtspaltes im Deckband

wird. Für den absoluten Strömungswinkel wird hingegen eine vergleichsweise gute Übereinstimmung erreicht. Darüber hinaus werden die Änderungen der Strömungsgrößen mit Variation der Spaltweite im Vergleich zu den Messungen überschätzt. Insbesondere für die axiale Geschwindigkeitskomponente ist in der Messung nur ein marginale Änderung von weniger als 2% $c_{ax,av}$ bezüglich der Dichtspaltweite für 1.0% und 1.6% Spaltweite zu erkennen. In den CFD-Simulationen hingegen sinkt die Geschwindigkeit um mehr als 5% $c_{ax,av}$ im Bereich von 5% bis 25% der Kanalhöhe. Ursächlich für diese gesteigerte Sensitivität ist vermutlich das gewählte Turbulenzmodell, welches bezüglich die Ablösung tendenziell überschätzt. Die übersteigerte Darstellung der Eckenablösung an Statoren mit Deckband lässt im direkten Vergleich mit Statoren mit Radialspalt bereits die kleineren getesteten Spaltweiten schlechter erscheinen als die Variante mit kleinem Radialspalt. In den Messungen wurden diese hingegen bezüglich Totaldruckdefizit und axialer Geschwindigkeitskomponente als ähnlich ermittelt. Bei der hier gewählten Modellierung wird die Strömung an Statoren mit Deckband für die genannten Größen zu pessimistisch vorhergesagt. Im Rahmen der Wahl des Turbulenzmodells wurde die ähnlich starke Überschätzung der Verluste an Statoren mit und ohne Deckband als wesentliches Kriterium herangezogen, siehe Abschnitt 3.2.4. Andere Strömungsgrößen und eine Variation der Spaltweite wurden in der Vorstudie zunächst nicht betrachtet.

Zusammenfassend lassen sich aus den teilungsgemittelten Verteilungen des Totaldruckes stromauf und stromab des Stators die Verluste berechnen. Die radiale Verteilung der Verluste wurde auf Quasi-Stromlinien ausgewertet (Glg. 2.11) und ist in Abb. 4.18 für die Messdaten und in Abb. 4.19 für die CFD-Berechnung im Auslegungspunkt dargestellt. Deutlich ist in beiden Betriebspunkten die Steigerung der Verluste in den inneren 20% der Kanalhöhe mit steigender Radialspaltweite an der Nabe zu erkennen. Die Vergrößerung des Radialspaltwirbels führt zu einer sehr lokalen Verlustproduktion. Für die äußeren 50% des Kanals lässt sich keine Abhängigkeit von der Radialspaltweite feststellen. Die zu beobachtenden Schwankungen der Kurven müssen daher teilweise Ungenauigkeiten bzw. ungeklärten äußeren Einflüssen bei der Messung zugeschrieben werden, welche trotz sorgfältiger Durchführung und Analyse nicht ausgeschlossen werden können. Diese Annahme wird von den CFD-Simulationen gestützt, für welche die Verläufe in der äußeren Kanalhälfte für die beiden Varianten mit Radialspalt

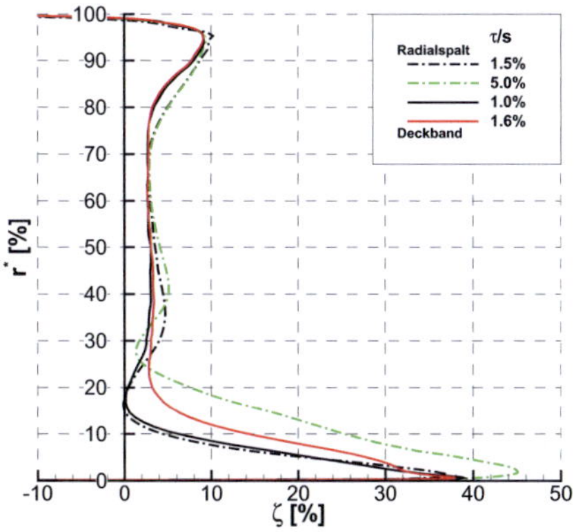

Abbildung 4.19: Radiale Verteilung des Totaldruckverlustes über dem dritten Stator für CFD bei Variation der Radialspaltweite an der Nabe bzw. des Dichtspaltes im Deckband im Auslegungspunkt $\xi = 1.00$

identisch sind. Die Steigerung der Verluste mit der Radialspaltweite wird in der Berechnung prinzipiell wiedergegeben, jedoch treten höhere maximale Werte auf, welche wiederum nur sehr begrenzt in Nabennähe zu verzeichnen sind. Die Messdaten zeigen hingegen eine breiten Bereich hoher Verluste bis 10% Kanalhöhe für den großen Radialspalt von $\tau/s = 5.0\%$. Daraus lässt sich schließen, dass die radiale Ausmischung der Verluste des Radialspaltwirbels von der Simulation unterschätzt wird.

Der Vergleich der zwei vermessenen Betriebspunkte in Abb. 4.18 zeigt eine Steigerung der Verluste durch den Radialspaltwirbel an der Nabe um ca. 10%, während sie im Mittelschnitt bei steigender Belastung Richtung Stabilitätsgrenze um ca. 5% sinken. Die sinkenden Verluste in den mittleren Schnitten lassen sich durch die Steigerung des Totaldruckes und der Axialgeschwindigkeit im Bereich von 20-50% der Kanalhöhe erklären. Der Radialspaltwirbel bzw. die Eckenablösung blockieren den unteren Kanalbereich, so dass bei konstantem Massenstrom mehr Masse durch die äußeren Schnitte gefördert werden muss. Dieser Effekt fällt bei den größeren Spaltweiten nahe der Stabilitätsgrenze stärker aus als im Auslegungspunkt, somit werden die Verluste im Mittelschnitt bedingt durch die Berechnung auf Quasi-Stromlinien verringert. Am Gehäuse konnte in den vorangegangenen Betrachtungen kein Einfluss des Radialspaltes an der Nabe auf die saugseitige Eckenablösung und den Kanalwirbel gefunden werden, dies wird auch durch die annähernd konstanten Verluste bestätigt.

Analog dem Radialspaltwirbel steigen die Verluste, berechnet aus den Messdaten (Abb. 4.18), in den inneren ca. 50% der Kanalhöhe bei Statoren mit Deckband bei wachsender Dichtspaltweite und damit mit einem Anstieg des rezirkulierenden Massenstromes. Ein vergleichbares Verhalten ist für die Simulationen in Abb. 4.19 ersichtlich. In den äußeren 50% des Kanals ist hingegen keine Abhängigkeit von der Dichtspaltweite τ im Deckband zu erkennen. Das im Auslegungspunkt (Abb. 4.18 a) zu beobachtende Absinken der Verluste für $\tau/s = 1.6\%$ Deckbandspalt gegenüber der kleinsten Spaltweite über weite Teile des Kanals ist nicht plausibel und wird von der CFD nicht bestätigt. Ein konstantes Offset über die gesamte Kanalhöhe infolge eines Kalibrier- oder Sondenfehlers wird durch die Verschiebung der Kurve im Betriebspunkt nahe der Stabilitätsgrenze zu größeren Verlusten nicht bestätigt. Die Ursache der Abweichungen dieser Kurve konnte nach Abschluss der Messungen nicht mehr geklärt werden.

Vergleicht man die numerisch bestimmten Verluste der beiden Bauformen miteinander (Abb. 4.19), so fällt auf, dass für die jeweils kleinste Spaltweite die Verluste nahezu identisch sind. Dies ist in guter Übereinstimmung mit den Messungen und bestätigt die Eignung der Simulation zum Vergleich der Verluste beider Bauarten. Weiterhin sind in der Numerik Unterschiede in den Verlustverteilungen in der äußeren Kanalhälfte ersichtlich, welche sich nicht aus den unterschiedlichen Bauformen an der Nabe begründen lassen. Die Ursache liegt hierbei in der Verschiebung des Rotor-Stator-Interfaces zwischen drittem Rotor und Stator näher zur Rotorhinterkante infolge der Deckbandmodellierung. Diese Verlagerung beeinflusst die Ausmischung des Rotor-Nachlaufs und des Rotor-Radialspaltwirbels und verschiebt die Bilanzgrenze für die Verlustberechnung der CFD-Ergebnisse gegenüber den Varianten mit Radialspalt. Folglich sind diese Unterschiede nicht in die Bewertung einzubeziehen.

Messungen im Betriebspunkt nahe der Stabilitätsgrenze (Abb. 4.18 b) weisen auch bei Statoren mit Deckband einen Anstieg der Verluste im inneren Kanaldrittel durch die größere Eckenablösung und ein Absinken der Verluste im Mittelschnitt bedingt durch die radiale Umverteilung auf. Entsprechend der oben geführten Diskussion nimmt die größte Spaltweite am Stator mit Deckband eine Sonderstellung ein. Durch die massive Blockage der inneren Kanalhälfte steigen die Verluste bis 50% Kanalhälfte deutlich an und sinken bedingt durch radiale Umverteilung in der äußeren Kanalhälfte.

Die Integration des Verlustbeiwerts über die innere Kanalhälfte kann im Rahmen der Messgenauigkeit nur einen tendenziellen Eindruck vom Verlauf des integralen Verlustes mit Änderung der Spaltweite geben und ist deshalb hier grafisch nicht wiedergegeben. Für beide Bauarten ist ein Anstieg der Verluste mit Vergrößerung der jeweiligen Spaltweite und Erhöhung der Belastung Richtung Stabilitätsgrenze zu erkennen. Diese Steigerung fällt für beide Parameter bei Statoren mit Deckband stärker aus als für Statoren mit Radialspalt im untersuchten Bereich. Bei letztgenannter Bauart ist tendenziell ein nichtlineares Verhalten bei großen Spaltweiten in Form eines Abflachens des Verlustanstiegs zu erkennen. Aus diesen Tendenzen lässt sich schlussfolgern, dass Statoren mit Deckband für sehr große Dichtspaltweiten bezüglich der Verluste am Stator die ungünstigere Bauform sind.

4.2.3 Auswirkung des Designs des dritten Stators auf Rotor 4

Wie bereits im vorangegangenen Abschnitt diskutiert, bestimmt die Bauform des dritten Stators wesentlich die Zuströmung zum vierten Rotor. Insbesondere die Veränderung in der Axialgeschwindigkeits- und Strömungswinkelverteilung beeinflussen über die Inzidenz des Rotors dessen Verluste und Arbeitsumsetzung. Abbildung 4.20 zeigt, wie sich die Abströmung aus dem vierten Rotor bei Variation der Radialspaltweite über dem dritten und vierten Stator verändert. Da die Stromaufwirkung der Variationen, wie in Abb. 4.13 für Rotor 3 ersichtlich, sehr gering ist, können die Veränderungen nahezu allein den Variationen am Stator 3 zugeschrieben werden. Analog zum vorherigen Kapitel sind die Ergebnisse der Messungen an Statoren mit Deckband zum Vergleich im gleichen Diagramm mit dargestellt. Die Verteilung des Totaldruckes, der Axialgeschwindigkeit und des absoluten Strömungswinkels zeigen starke Abhängigkeiten von der Radialspaltweite am Stator. Mit wachsender Spaltweite steigt der normierte Totaldruck an der Nabe in den inneren 10% und in den äußeren 50% des Kanals an, während sich das Druckminimum im Bereich von 10-50% der Kanalhöhe vergrößert. Dies bedeutet, dass der Bereich minimalen Totaldruckes nach dem Stator sich von der Nabe weg über den Rotor nach außen verlagert oder es zu zusätzlichen Verlusten im Rotor kommt. Bei der Interpretation ist zu beachten, dass der Totaldruck auf den Mittelwert über der gesamten Kanalhöhe bezogen ist und somit die Verringerung des Niveaus über der gesamten Kanalhöhe bei großer Spaltweite nicht mehr ersichtlich ist. Die Steigerung des normierten Totaldruckes an der Nabe und am Gehäuse bei Vergrößerung der

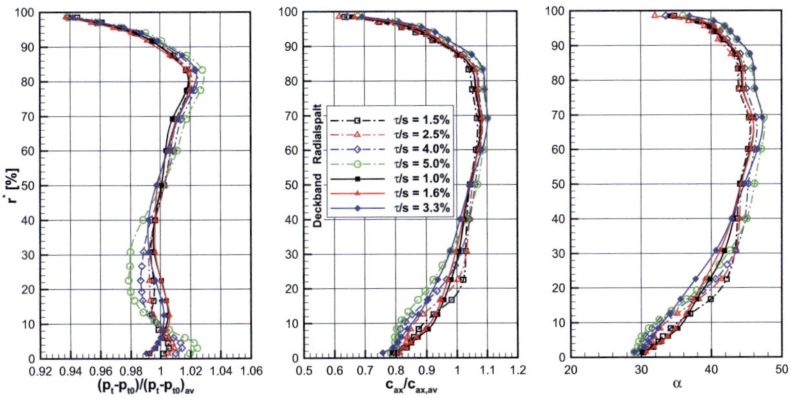

(a) Auslegungspunkt $\xi = 1.00$

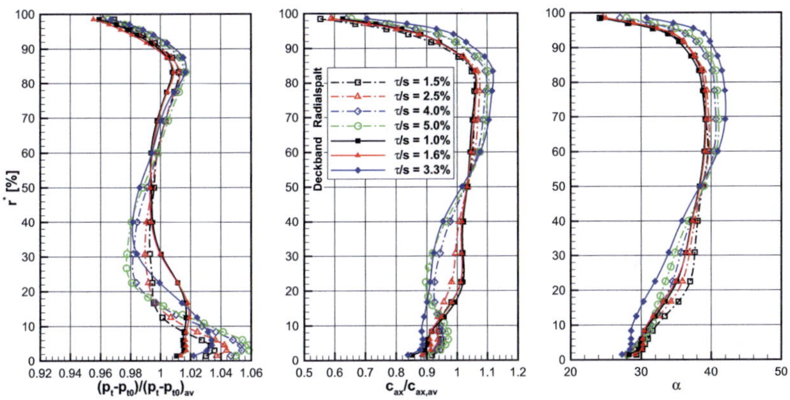

(b) nahe der Stabilitätsgrenze $\xi = 0.85$

Abbildung 4.20: Normierter Totaldruck, normierte Axialgeschwindigkeit und absoluter Strömungswinkel nach dem vierten Rotor bei Variation der Radialspaltweite an Stator 3 und 4 bzw. Dichtspaltweite an Stator 3; teilungsgemittelt

Radialspaltweite ist Folge dieser Normierung. Das Totaldruckniveau nach dem vierten Rotor nimmt mit steigender Spaltweite kontinuierlich ab.

Im Vergleich zu Statoren mit Radialspalt ist der Rotor stromab eines Stators mit Deckband wesentlich unempfindlicher bezüglich dessen Dichtung. Die Totaldruckverteilung ist gleichmäßiger, weder das Maximum nahe der Nabe, noch das Minimum im Totaldruck bei 20-30% Kanalhöhe treten bei Statoren mit Deckband auf. Lediglich beim Fall mit dem größten Dichtungsspalt im Deckband von Stator 3 im Betriebspunkt nahe der Stabilitätsgrenze ist ein ähnlicher Verlauf des Totaldruckes wie für Statoren ohne Deckband zu erkennen. Das Maximum an der Nabe weist dabei eine größere radiale Erstreckung auf und das Minimum rückt in die Kanalmitte. Analog der obigen Diskussion ist zu beachten, dass

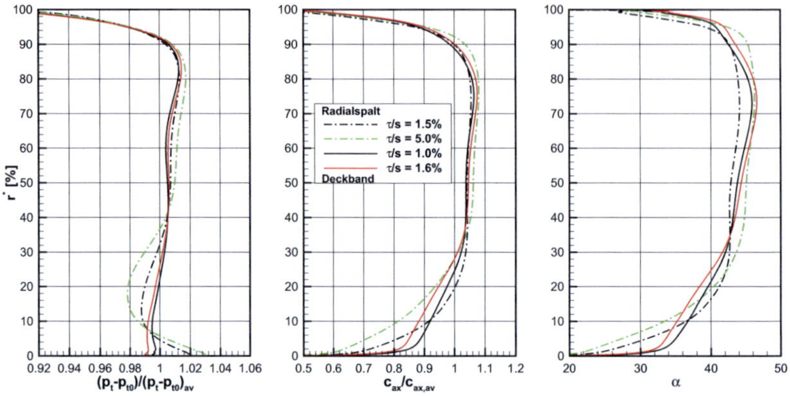

Abbildung 4.21: Teilungsgemittelte CFD-Ergebnisse für normierten Totaldruck, normierte Axialgeschwindigkeit und absoluten Strömungswinkel nach dem vierten Rotor bei Variation der Radialspaltweite an Stator 3 und 4 bzw. Dichtspaltweite an Stator 3 im Auslegungspunkt $\xi = 1.00$

der Totaldruck über der gesamten Kanalhöhe mit Vergrößerung der Dichtspaltweite im dritten Stator sinkt.

Für die normierte axiale Geschwindigkeitskomponente kann über dem vierten Rotor eine Steigerung im nabennahen Bereich verzeichnet werden, vergleiche Abb. 4.20 mit Abb. 4.16. Dies gilt vornehmlich für die Varianten mit Radialspalt, deren ausgeprägte Blockage an der Nabe im Rotor durch Energieübertragung und radiale Umverteilung vermindert wird. Darüber hinaus fällt auf, dass stromab des Rotors ein funktionaler Zusammenhang zur Spaltweite des vorangehenden Stators über der gesamten Kanalhöhe auftritt. Während in der inneren Kanalhälfte die normierte axiale Geschwindigkeitskomponente mit steigender Spaltweite am Stator sinkt, ist ein Anstieg in der äußeren Kanalhälfte zu beobachten. Die Spaltweite am Stator bestimmt somit maßgeblich die Massenstromverteilung am Austritt des nachfolgenden Rotors. Diese ist analog im Abströmwinkel zu erkennen, welcher an der Nabe mit steigender Spaltweite am Stator sinkt und am Gehäuse steigt. Da diese Winkelverteilung die Zuströmung zum nächsten Stator darstellt, sind weitere Auswirkungen der Radialspaltvariation an Stator 3 auch auf Stator 4 zu erwarten. Diese konnten jedoch im Rahmen dieser Arbeit aus zeitlichen Gründen nicht experimentell untersucht werden.

Bei gesteigerter Belastung des Verdichters Richtung Strömungsabriss (Abb. 4.20 b) ist am Rotor 4 eine weitere Verlagerung der Beeinflussung durch den dritten Stator radial nach außen zu beobachten. Das Druckminium ist um 5-10% der Kanalhöhe radial nach außen verschoben und angewachsen, der Bereich sinkender normierter Axialgeschwindigkeit und sinkenden Strömungswinkels ist vergrößert und reicht bis zur Kanalmitte. Des Weiteren stellt sich in den inneren 10% eine Vergleichmäßigung der Axialgeschwindigkeit und des Strömungswinkels α ein. Dies lässt eine Eckenablösung am Rotor vermuten, welche die Umlenkung und Energieübertragung beeinflusst.

Die in Abb. 4.21 zum Vergleich dargestellten teilungsgemittelten Ergebnisse der numerischen Simulation sind in guter Übereinstimmung zu den Messdaten. Für alle drei Strömungsgrößen sind die Verläufe als auch die Veränderungen bei Variation der Radialspaltweite an den umgebenden Statoren qualitativ richtig wiedergegeben. Abweichungen sind lediglich im Totaldruck zu verzeichnen. Das Minimum bei

20-30% Kanalhöhe ist um ca. 10% radial nach innen verlagert und in seiner radialen Ersteckung zu klein durch die Simulation bestimmt worden. Da bereits das Totaldruckminimum an der Nabe stromab des Stators radial zu gering vorhergesagt wurde, lässt sich für die numerischen Simulationen schließen, dass die Auswirkungen in radialer Richtung des Radialspaltwirbels an der Nabe des Stators in der selbigen und nachfolgenden Schaufelreihe unterschätzt werden. Auch für Statoren mit Deckband sind primär Abweichungen in der radialen Position von Totaldruckminima und -maxima zu erkennen, während die anderen beiden Strömungsgrößen in guter Übereinstimmung berechnet werden. Insbesondere die Vorhersage der Auswirkungen von Spaltweitenvariation im dritten Stator auf den vierten Rotor ist für beide konstruktive Lösungen sehr gut.

Zusammenfassend seien auch für den vierten Rotor die radialen Verteilungen der Verluste diskutiert. Abbildung 4.22 zeigt für die vermessenen Betriebspunkte die Verläufe des relativen Totaldruckverlustes für die verschiedenen Geometrien. Statoren mit Radialspalt verursachen mit steigender Spaltweite zunehmende Verluste im nachfolgenden Rotor im Bereich von 10-50% der Kanalhöhe. Im Auslegungspunkt fällt diese Abhängigkeit für Statoren mit Radialspalt stärker aus als die analog auftretende Vergrößerung der Verluste im Rotor stromab von Statoren mit Deckband. Für den Betriebspunkt nahe der Stabilitätsgrenze ist auch bei Statoren mit Deckband eine markante Steigerung der Verluste zu beobachten. Die Einschätzung der Sensitivität gestaltet sich schwierig, da die Daten für die mittlere Dichtspaltweite einen unplausiblen Versatz zu den anderen Daten aufweisen und daher nicht dargestellt sind. Der Vergleich der numerischen Ergebnisse (Abb. 4.23) mit den Messergebnissen zeigt insbesondere für den Stator mit kleinem Radialspalt an der Nabe sehr gute Übereinstimmung. Die Numerik gibt zwar eine Steigerung der Verluste bei Vergrößerung dieses Radialspaltes wieder, unterschätzt den Anstieg jedoch teilweise um $\Delta\zeta = 5\%$. Darüber hinaus wird der leichte Rückgang der Verluste im äußeren Kanalbereich nicht wiedergegeben. Für Statoren mit Deckband ist ein erhöhtes Verlustniveau festzustellen, welches in den Messdaten nicht beobachtet wurde. Die Ursache der Vergrößerung der Verluste liegt hierbei in der für die Deckbandmodellierung notwendigen Verschiebung des Rotor-Stator-Interfaces dicht an die Vorderkante des Rotors. Diese zusätzlichen Verluste sind daher als numerischer Fehler der Modellierung zu betrachten und werden somit nicht weiter berücksichtigt. Wird das Rotor-Stator-Interface auch bei den Varianten mit Radialspalt verschoben, so sind die Verluste im äußeren Bereich des Kanals identisch mit den Ergebnissen für Statoren mit Deckband. Zusätzlich kommt es jedoch zu einer überproportionalen Steigerung der Verluste im Bereich der maximalen Verluste. Beim Vergleich der beiden Simulationen von Statoren mit Deckband zeigt sich eine Verringerung der Verluste über dem Rotor im Bereich bis 20% der Kanalhöhe bei Anstieg der Dichtspaltweite. Dies ist in den Messungen nur sehr schwach zu erkennen. Analoges gilt für die Steigerung der Verluste von 20% bis 50% der Kanalhöhe. Es ist daher auch hier davon auszugehen, dass die Lage des Rotor-Stator-Interfaces die Auswirkung der Dichtungskonfiguration an der Nabe des Stators verstärkt. Im Rahmen der Messgenauigkeit und der numerischen Fehler ist dennoch von einer akzeptablen Übereinstimmung in der inneren Kanalhälfte auszugehen. Für die äußere Kanalhälfte deutet sich in der Messung eine leichte Verringerung der Verluste bedingt durch die radiale Umverteilung an, diese wird von den Simulationen nicht wiedergegeben. In den inneren 5% der Kanalhöhe treten für die beiden Geometrievarianten des dritten Stators unterschiedliche Verlustverläufe auf. Dies ist sowohl in der Messung als auch in der Simulation zu beobachten. Während bei Statoren mit Radialspalt zur Nabe die energiearme Strömung direkt an der Nabe durch radiale Mischung eine Steigerung des relativen Totaldruckes erfährt, der zu negativen Verlusten in der Bilanz führt, strömt ein Teil des Fluids mit niedrigem Totaldruck aus dem Bereich der Eckenablösung stromab von Statoren mit Deckband in die Kavität ein. Diese Absaugung

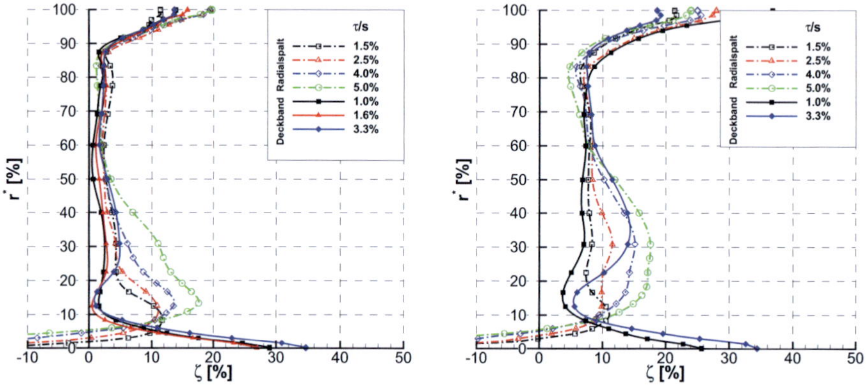

(a) Auslegungspunkt $\xi = 1.00$ (b) nahe der Stabilitätsgrenze $\xi = 0.85$

Abbildung 4.22: Radiale Verteilung des Totaldruckverlustes über dem vierten Rotor bei Variation der Radialspalte an Stator 3 & 4 bzw. Dichtspaltweite an Stator 3

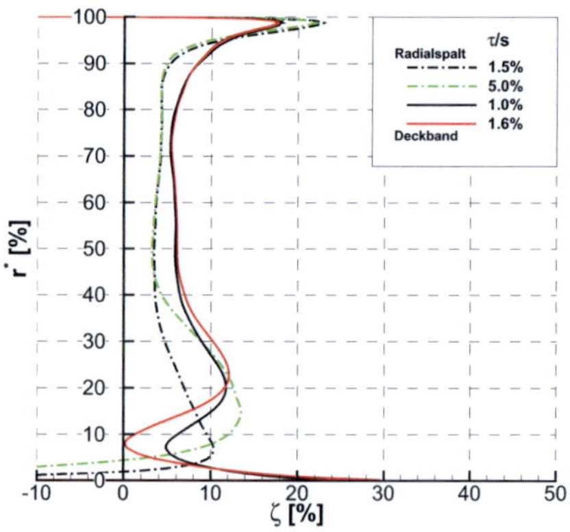

Abbildung 4.23: Radiale Verteilung des relativen Totaldruckverlustes über dem vierten Rotor für CFD bei Variation der Radialspaltweite an der Nabe bzw. des Dichtspaltes im Deckband der Statoren im Auslegungspunkt $\xi = 1.00$

der Grenzschicht führt in der Verlustbilanz zu höheren relativen Totaldrücken am Eintritt des vierten Rotors und in der Folge zu positiven Verlusten an der Nabe.

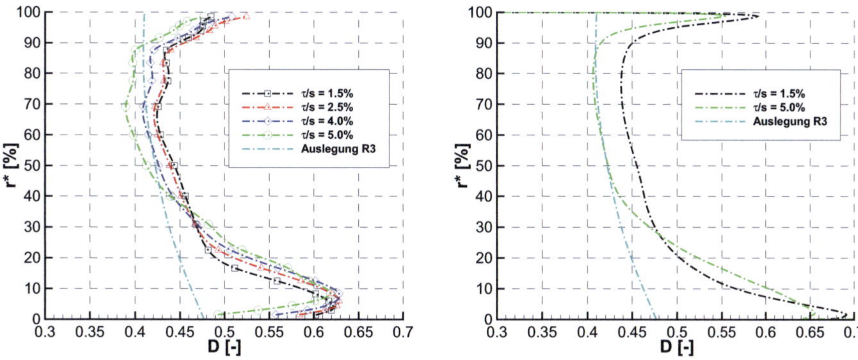

(a) Messung (b) CFD-Simulation

Abbildung 4.24: Radiale Verteilung des Diffusionsverhältnis D über dem vierten Rotor bei Variation der Radialspalte an Stator 3 & 4 im Auslegungspunkt $\xi = 1.00$

Im Rahmen der Kennlinienmessungen wurde für Statoren mit Radialspalt eine leichte Verringerung des minimal erreichbaren Massenstroms festgestellt. Wie in Abschnitt 4.1.1 diskutiert, liegt die Ursache in einer Entlastung des vierten Rotors. Die lokale Belastungsverteilung lässt sich mit Hilfe der Diffusionszahl nach Lieblein (Glg. 2.12) beurteilen. Die Entlastung ist in Abb. 4.24 bereits im Auslegungspunkt erkennbar und wird auch von der gegenübergestellten CFD-Simulation bestätigt. Folglich führt die Vergrößerung der Radialspalte am dritten und vierten Stator zu einer Vergrößerung der Blockage an der Nabe. Diese verdrängt Fluid radial nach außen, wodurch der vierte Rotor im Bereich von 30% Kanalhöhe bis zum Außenschnitt entlastet wird. Der Anstieg der Belastung im inneren Kanaldrittel korreliert mit dem Anstieg der Verluste in diesem Bereich, ist jedoch nicht stabilitätsbegrenzend. Für Statoren mit Deckband (hier nicht dargestellt) konnte eine ähnliche Entlastung festgestellt werden, wobei die kleinste Spaltweite im Deckband bereits geringere Diffusionszahlen aufweist als die kleinste Radialspaltweite. Der vierte Rotor ist folglich geringer belastet und ermöglicht so einen leicht vergrößerten Betriebsbereich.

4.3 Bewertung der Ergebnisse für Statoren mit und ohne Deckband

Die Ergebnisse der Referenzversuche für Statoren mit und ohne Deckband auf Basis der Erstbeschaufelung des Niedergeschwindigkeitsverdichters wurden im Rahmen von Kapitel 4 diskutiert. Für Statoren mit Radialspalt zur Nabe konnte die Sensitivität bezüglich der Spaltweite experimentell ermittelt und numerisch bestätigt werden. Die Strömungsfeldmessungen stromab des dritten Stators und vierten Rotors weisen eine deutliche funktionale Abhängigkeit von Totaldruck, axialer Geschwindigkeitskomponente, Strömungswinkel und Verlusten zur Radialspaltweite der Statoren auf. Die numerische Berechnung dieser Aufbauten mit dem vergleichsweise einfachen Ansatz der stationären Simulation auf Basis von Mischungsebenen unter Verwendung des Spalart-Allmaras-Turbulenzmodells kann insbesondere die funktionalen Abhängigkeiten gut wiedergeben. Bedingt durch Vereinfachungen in der Modellierung und unzureichender Vorhersage der radialen Auswirkung des Radialspaltwirbels am Stator kommt es zu Abweichungen in den radialen Verteilungen der Strömungsgrößen zwischen Messung und Simulation. So tritt bei der gewählten Modellierung eine Überschätzung der maximalen Verluste im Bereich des Radialspaltwirbels an der Nabe auf, während die radiale Erstreckung dieses Bereichs unterschätzt wird. Über dem nachfolgenden vierten Rotor wird der Anstieg der Verluste bei Vergrößerung der Spaltweite am Stator, insbesondere für große Spaltweiten, durch die Simulationen zu gering vorhergesagt. Wesentliche Abweichungen zwischen Simulation und Messung deuten sich in der Ausrichtung des Radialspaltwirbels am Stator bei kleinen Spaltweiten an. Während in den Messungen stromab des Stators ein ovales Totaldruckminimum dem Spaltwirbel zugeordnet werden kann, interagiert der Radialspaltwirbel in den Simulationen bereits ab der Hälfte der Sehnenlänge mit der benachbarten Schaufel. Für die Auslegung einer Beschaufelung ohne Deckband mit verringerter Sensitivität bezüglich der Radialspaltweite am Stator ist die Vorhersagegenauigkeit der Änderungen bei Spaltweitenvergrößerung ausschlaggebend. Da diese am Stator als sehr gut angesehen werden kann, ist eine Auslegung basierend auf dreidimensionaler, stationärer CFD-Simulation erfolgversprechend.

Die Versuche an Statoren mit Deckband quantifizieren die Empfindlichkeit der Strömung bezüglich der Spaltweite im Deckband. Mit wachsender Spaltweite steigt der Massenstrom, der durch das Deckband rezirkuliert. Durch den Einsatz verschiedener Messtechniken innerhalb der Kavität konnte der Betrag des Massenstroms experimentell eingegrenzt werden. Numerische Simulationen der gleichen Geometrie ermitteln Werte leicht unterhalb der Messwerte. Experimentell als auch numerisch zeigt sich, dass der Leckagemassenstrom die Größe der Eckenablösung am Stator und damit wesentlich die Verluste im inneren Kanaldrittel bestimmt. Für das gewählte Turbulenzmodell kommt es in den numerischen Simulationen zu einer ähnlichen Überschätzung der maximalen Verluste an der Nabe wie bei Statoren mit Radialspalt. Für die kleinste Spaltweite im Deckband wurden experimentell ähnliche Verluste am Stator wie für den kleinsten gemessenen Radialspalt ermittelt. Die numerische Simulation bestätigt diese Übereinstimmung und ist somit für den direkten Vergleich der zwei Bauarten bezüglich der Verluste geeignet.

Im Vergleich von Statoren mit und ohne Deckband lässt sich zusammenfassend feststellen, dass bei den hier verwendeten Schaufelgeometrien unter hoher nabenseitiger Blockage in der Zuströmung Statoren mit und ohne Deckband bei kleinen Spaltweiten ähnliche Verluste aufweisen. Die hier betrachteten Statoren mit Deckband reagieren auf eine Vergrößerung der Spaltweite im Deckband mit stark ansteigenden Verlusten, während Statoren mit Radialspalt zur Nabe nur eine mäßige Steigerung im untersuchten Spaltweitenbereich verursachen. Analog konnte auch anhand der Kennlinien eine geringere Beeinflussung des Wirkungsgrads durch die Variante mit Radialspalt bezüglich der Spaltweite ermittelt werden, diese liegt jedoch in der Größenordnung der Messgenauigkeit und ist somit nicht signifikant. Diese Ergebnisse stehen scheinbar im Widerspruch zu den Resultaten von Freeman [18], der Statoren mit Radialspalt nur bei kleinen Dichtungsflächen als effizienter ermittelte, siehe Abb. 1.4. Bei einem derartigen Vergleich gilt es jedoch zu beachten, dass Freeman die Auftragung über der Spaltfläche wählte. Diese liegt in den aktuellen Versuchen für die zwei Bauarten nicht im gleichen Wertebereich, da die Dichtung bei Statoren mit Deckband auf niedrigerem Radius realisiert ist als bei Statoren ohne Deckband. Darüber hinaus ist die in dieser Arbeit aus messtechnischen Gründen gewählte Kavität nicht vergleichbar mit der Dichtungskonfiguration von Freeman. Bei gleicher Spaltweite bzw. Dichtungsfläche muss in den hier vorgestellten Versuchen mit höheren Kavitätsmassenströmen gerechnet werden. Diese sind wiederum von Freeman nicht angegeben, so dass ein direkter Vergleich nicht möglich ist. Es lässt sich lediglich vermuten, dass die hier untersuchten Konfigurationen mit dem niedrigsten rezirkulierenden Massenstrom im Deckband bei einer Dichtungsgeometrie, ähnlich der von Freeman gezeigten, wesentlich größeren Spaltweiten entspräche. Daher kann anhand der hier vorliegenden Ergebnisse nicht über das Verhalten bei kleinen Spaltweiten im Deckband geurteilt werden, für welche nach Freeman [18] ein schlechterer Wirkungsgrad gegenüber den Varianten mit Radialspalt erwartet wird. Weitere Unterschiede liegen im 2-stufigen Versuchsaufbau und der nicht genauer beschriebenen Schaufelgeometrie, in den von Freeman genannten Arbeiten.

Für die Bewertung der Unterschiede sollen daher in dieser Arbeit primär die Verteilung der wesentlichen Strömungsgrößen und Verluste dienen. Während die radiale Verteilung des teilungsgemittelten Totaldruckes und damit verbunden die Verluste über dem Stator eine starke Sensitivität bezüglich der Radial- und Deckbandspaltweite aufweisen, zeigen dies die Verteilungen der axialen Geschwindigkeitskomponente und des absoluten Strömungswinkels stromab des Stators nur für die Bauart mit Radialspalt. Dies ist auch in den numerischen Simulationen ersichtlich, wenngleich diese die Variante mit Deckband bezüglich Blockage und Strömungswinkel zu pessimistisch und empfindlicher gegenüber der Spaltweite darstellt.

Die geringere Sensitivität von axialer Geschwindigkeitskomponente und absolutem Strömungswinkel nach dem dritten Stator mit Deckband verursachen kleinere Abweichungen im relativen Strömungswinkel und folglich der Inzidenz des vierten Rotors. Daraus folgt, dass die Rotoren stromab von Statoren mit Deckband eine wesentlich niedrigere Sensitivität der Strömungsgrößen und Verluste bezüglich der Spaltweiten am Stator aufweisen als für Statoren mit Radialspalt. Dem gegenüber steht eine höhere Empfindlichkeit bezüglich des Betriebspunktes.

Bei Statoren mit Deckband ist eine Übertragung dieser Erkenntnisse auf andere Kavitätsgeometrien und reale Hochdruckverdichter nur über den bezogenen Kavitätsmassenstrom möglich. Da die hier ermittelten Werte vergleichsweise groß sind, ist für Labyrinthdichtungen mit mehreren Dichtspitzen mit entsprechend größeren Dichtspaltweiten zu rechnen. Die Sensitivität bezüglich der Spaltweite lässt sich für derartige Geometrien zusätzlich durch die Anzahl der Dichtspitzen und das Kavitätsdesign beeinflussen. Darüber hinaus besteht Potential zur Verbesserung von Statoren mit Deckband, wenn die Umfangskomponente des Leckagemassenstroms entsprechend den Erkenntnissen von Wellborn und Okiishi [86] sowie Demargne und Longley [14] erhöht wird. Die Umsetzung und Untersuchung von Möglichkeiten der Beeinflussung des Strömungswinkels am Austritt der Kavität sind nicht Bestandteil dieser Arbeit. Bei der Interpretation der vorliegenden Ergebnisse ist weiterhin zu berücksichtigen, dass die verwendete Statorgeometrie vor ca. 15 Jahren ausgelegt wurde. Diese beinhalten keine modernen dreidimensionalen Gestaltungsmerkmale wie V-Stellung oder Pfeilung. Derartige Auslegungsmerkmale haben das Potential, die Sekundärströmung im Randbereich des Kanals gezielt zu beeinflussen und so die Verluste zu minimieren. Inwieweit sich dadurch auch die Sensitivität gegenüber der Deckbandleckage verringern lässt, kann aus dem derzeitigen Stand des Wissens nicht abgeleitet werden.

Große relative Spaltweiten im Deckband und an Statoren mit Radialspalt werden in den kommenden Generationen von Flugtriebwerken durch die weiter steigenden Gesamtdruckverhältnisse relevant. Statoren ohne Deckband bieten das Potential, bei immer kleineren Dimensionen der Schaufeln deren Komplexität und damit Kosten zu reduzieren. Die hier gezeigten Messdaten deuten darüber hinaus an, dass die Verluste bei großen relativen Spaltweiten nicht mehr linear steigen. Dies würde für einen Einsatz in den hinteren Verdichterstufen sprechen. Im zweiten Teil der Arbeit soll daher ein Stator untersucht werden, dessen strömungsmechanisches Verhalten auf eine Verringerung der Empfindlichkeit gegenüber großen Radialspaltweiten ausgelegt wurde.

5 Statoren ohne Deckband mit verringerter Sensitivität gegenüber großen Radialspaltweiten

5.1 Auslegung eines Stators ohne Deckband für große Radialspaltweiten

In diesem Kapitel soll nun eine Beschaufelung ohne Innendeckband an den Statoren untersucht werden, die eine geringere Sensitivität der Verluste und der Minderumlenkung gegenüber großen Radialspaltweiten an den Statoren aufweist. Dazu wurden zwei wesentliche Designänderungen betrachtet. Eine lokale Änderung des Reaktionsgrades soll den Stator im Bereich der Nabe entlasten. Des Weiteren soll die Eignung einer V-Stellung zur Reduzierung der Verluste untersucht werden. Beide Möglichkeiten sind im finalen Schaufeldesign miteinander kombiniert und auf alle vier Stufen angewendet. Die Auslegung der neuen Beschaufelung wurde im AG Turbo Projekt COORETEC-turbo 1.2.8 (Förderkennzeichen: 0327716U) [26] seitens der MTU Aero Engines durchgeführt.

Im ersten Schritt soll eine lokale Erhöhung des Reaktionsgrades ρ_h der Stufe in Nabennähe die Verluste bei großen Radialspaltweiten reduzieren. Wie bereits in Abschnitt 1.3 diskutiert, ist eine Erhöhung des Reaktionsgrades bei $\rho_h > 0.5$ positiv für die Verluste am Stator und die der gesamten Stufe. Eine erhöhte Reaktion führt zu einer größeren Belastung des Rotors bei gleichzeitig verringerter Verzögerungswirkung am Stator. Folglich sinkt die Druckdifferenz am Stator zwischen Druck- und Saugseite und somit die treibende Kraft für den Radialspaltwirbel. Für eine Stufe mit größerer Reaktion wird daher am Stator durch den Radialspaltwirbel ein geringerer Verlust erwartet. Umgesetzt wird in diesem Fall die größere Reaktion durch eine Vergrößerung des Staffelungswinkels am Rotor (gemessen gegen die Verdichterachse) und eine Verkleinerung des Staffelungswinkels am Stator. Die maximale Änderung wurde jeweils am Nabenschnitt vorgenommen und wurde zum Mittelschnitt asymptotisch verringert. Die Profile der Schaufeln wurden dabei nicht modifiziert. Da die Veränderung der Staffelung der Rotoren eine veränderte Zuströmung vor dem ersten Rotor erforderlich macht, wurde das Vorleitgitter angepasst. Als kostengünstige und zweckmäßige Anpassung erwies sich eine Einkürzung des Vorleitgitters an der Nabe um 12mm zum Mittelschnitt auslaufend. Diese Einkürzung sorgt zum Einen für eine leichte Umverteilung des Massenstroms Richtung Nabe und zum Anderen für einen veränderten Abströmwinkel und damit für einen angepassten Zuströmwinkel zum ersten Rotor.

Die Einführung einer V-Stellung soll zusätzlich die Strömung im Bereich der Nabe verbessern. Hinlänglich bekannt ist, dass eine Verschiebung der Profile orthogonal zur Sehne hin zu einem stumpfen Winkel zwischen Seitenwand und saugseitiger Schaufeloberfläche die Randzonen entlastet. Primär wurde diese positive V-Stellung bisher an Schaufeln angewendet, welche eine feste Verbindung mit der Seitenwand besaßen und keinen Radialspalt aufwiesen, vergleiche Abschnitt 1.3. Die Ergebnisse von Lyes und Ginder [54] und Tschirner *et al.* [83] deuten die Möglichkeit einer positiven Beeinflussung des Radialspaltwirbels an. Detailliert diskutiert Gümmer [28] die potentialtheoretische Auswirkung einer V-Stellung in Wandnähe. Dabei lässt sich feststellen, dass keine bedeutsame Veränderung der Profildruckverteilungen möglich ist. Bedingt durch ein gleichmäßiges Absinken der Geschwindigkeiten auf Druck- und Saugseite kommt es jedoch zu einer Erhöhung des statischen Druckes im Wandbereich. Weiterhin induziert die V-Stellung auch radiale Geschwindigkeitskomponenten. Der erhöhte statische

Druck und die radialen Geschwindigkeitskomponenten verursachen am Eintritt in die Schaufelpassage eine Stromröhrenaufweitung. Im hinteren Bereich der Passage kommt es hingegen zu einer Verlagerung der Stromflächen Richtung Seitenwand. Insbesondere der letztgenannte Effekt kann bei Statoren mit Radialspalt zur Nabe positiv wirken. Der Verdrängungswirkung des Radialspaltwirbels wird somit eine Kraft entgegen gestellt, die eine starke radiale Umverteilung vermindert. Die damit verbundene Verringerung der Blockage sollte sich positiv auf die Verlustverteilung auswirken.

Bei der Auslegung eines Stators mit V-Stellung im inneren Kanalbereich für große Radialspaltweiten ist zu berücksichtigen, dass die Änderung der Radialspaltweite im Niedergeschwindigkeitsverdichter durch Einkürzen der Schaufel am freien Ende erfolgt. Dies hat zur Folge, dass bei einer klassischen V-Stellung wesentliche Teile dieser beim Einstellen der großen Radialspaltweiten wieder entfernt würden. Betrachtet man den Stator, wie er durch Tschirner *et al.* [83] im Niedergeschwindigkeitsverdichter der Technischen Universität Dresden verwendet wurde (ca. 27° positive V-Stellung kombiniert mit ca. 11° negativer Pfeilung an der Nabe parabolisch auslaufend bei 30% Kanalhöhe), so würden bei einer Radialspaltweite von 5% der Kanalhöhe 1/6 der effektiven Geometrievariation entfallen, wodurch die Wirkung der Auslegung bei großen Radialspaltweiten stark eingeschränkt wird. Innerhalb der Auslegung wurde von MTU Aero Engines daher ein Stator entwickelt, welcher bei ca. 30% Kanalhöhe eine positive V-Stellung aufweist, diese jedoch Richtung Nabe wieder reduziert.

Diese V-Stellung wurde mit der lokalen Veränderung des Reaktionsgrades kombiniert. Die derartig ausgelegte Statorschaufel zeigte bereits für die nominale Spaltweite von $\tau/s = 1.5\%$ eine deutlich reduzierte Minderumlenkung. Um eine Vergleichbarkeit des neuen Stators mit der Referenzauslegung zu gewährleisten, wurde durch Umstaffelung des Stators an der Nabe eine identische radiale Verteilung der Strömungsumlenkung über dem Stator eingestellt. Der neue Stator soll somit bei nominaler Spalt-

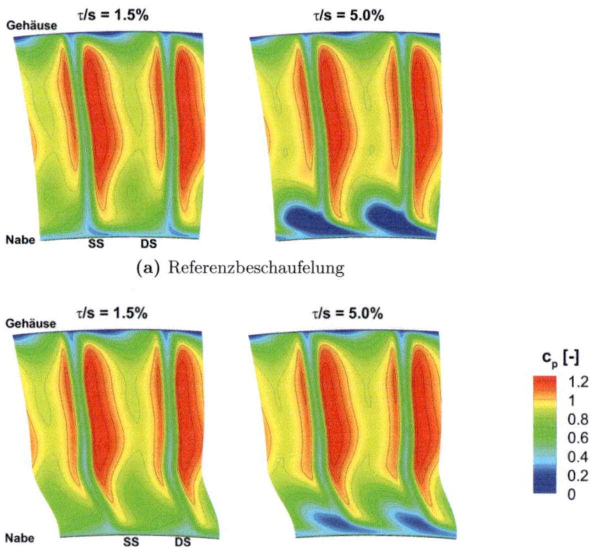

(b) Neuauslegung

Abbildung 5.1: CFD-Vorhersage für den normierten Totaldruck c_p nach dem dritten Stator im Auslegungspunkt $\xi = 1.00$

weite im Auslegungspunkt ein vergleichbares Strömungsverhalten aufweisen wie die Referenzbeschaufelung. Die Verbesserung der Minderumlenkung und der Verluste bei großer Spaltweite entsprechen dann direkt einer Verbesserung der Sensitivitäten gegenüber der Spaltweitenvergrößerung. Über die beschriebenen Variationen des Staffelungswinkels und der Profil-Fädelungslinie hinaus wurden keine Änderungen an der Profilform vorgenommen.

Im Weiteren wird ein Überblick über die erwarteten Verbesserungen durch die Neuauslegung anhand von ausgewählten CFD-Ergebnissen gegeben. Die Simulationen umfassen jeweils den gesamten vierstufigen Verdichter für den Fall der nominalen ($\tau/s = 1.5\%$) und großen ($\tau/s = 5.0\%$) Spaltweite am dritten und vierten Stator. Im Auslegungspunkt ($\xi = 1.00$; $\zeta_D = 1.00$) wurde für die Referenzbeschaufelung ein Wirkungsgradverlust von 0.91% für diese Spaltweitenvergrößerung berechnet. Die Neuauslegung zeigt eine Differenz von 0.7% und somit eine verringerte Sensitivität gegenüber großen Radialspaltweiten. Im Rahmen der experimentellen Untersuchungen ist aufgrund der gegebenen Messgenauigkeiten eine derartige Verbesserung nicht zu validieren. Daher soll auch in der Beschreibung der Auslegungsziele primär auf das Strömungsfeld am dritten Stator eingegangen werden. Der dimensionslose Totaldruck stromab des dritten Stators ist in Abb. 5.1 für die neue Beschaufelung im Vergleich zur in Kapitel 4 untersuchten Referenz dargestellt. Für die nominale Spaltweite sind abgesehen von der Form der Nachlaufdelle, welche die dreidimensionale Gestaltung wiedergibt, keine wesentlichen Änderungen erkennbar. Das Druckminimum an der Nabe im Bereich der Nachlaufdelle ist etwas schwächer und breiter als im Fall der Referenzbeschaufelung. In den äußeren zwei Dritteln des Kanals ist das Druckfeld identisch. Für die große Spaltweite von $\tau/s = 5.0\%$ zeigt die reduzierte Größe und Intensität des Totaldruckminimums nahe der Druckseite an der Nabe, wie die Neuauslegung den Radialspaltwirbel positiv beeinflusst. Auch für diesen Fall sind nur geringe Veränderungen für die äußere Kanalhälfte berechnet worden.

Analog zur Diskussion der Messergebnisse im Referenzversuch sind die Ergebnisse der Auslegungsberechnung in Form von teilungsgemittelten, radialen Verteilungen von Totaldruck, axialer Geschwindigkeitskomponente, absolutem Strömungswinkel und Totaldruckverlust in Abb. 5.2 und Abb. 5.3

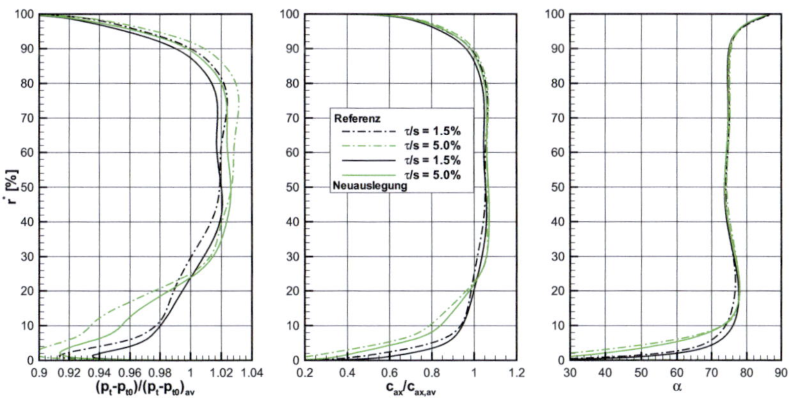

Abbildung 5.2: Teilungsgemittelte CFD-Ergebnisse für normierten Totaldruck, normierte Axialgeschwindigkeit und absoluten Strömungswinkel stromab des dritten Stators der Neuauslegung bei Variation der Radialspaltweite

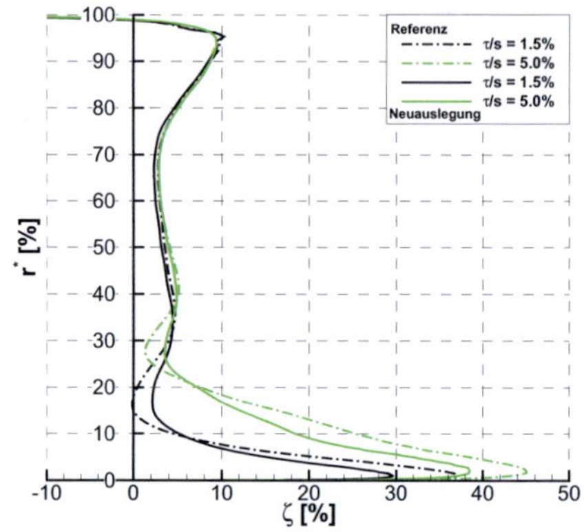

Abbildung 5.3: Radiale Verteilung des Totaldruckverlustes über dem dritten Stator der Neuauslegung für CFD bei Variation der Radialspaltweite an der Nabe

zusammengefasst. Die Strömungssimulation ermittelt für die neue Beschaufelung bereits bei der nominalen Spaltweite für alle dargestellten Größen leichte Verbesserungen nahe der Nabe. Wie schon in der Verteilung des Totaldruckes (Abb. 5.1) ersichtlich, treten deutlichere Verbesserungen für die große Radialspaltweite auf. Insbesondere wird eine Verringerung der Differenzen zwischen kleiner und großer Spaltweite vorausgesagt. Beispielsweise ist die Änderung des normierten Totaldruckes und der axialen Geschwindigkeitskomponente bei 10% Kanalhöhe bei Vergrößerung des Radialspaltes um zirka ein Drittel gegenüber der Referenzbeschaufelung reduziert. In ähnlicher Größenordnung verringert sich auch die Sensitivität des Totaldruckverlustes (Abb. 5.3). An der Nabe sind die Verluste für die neue Beschaufelung vermindert. Neben dieser Verbesserung sind jedoch auch Bereiche mit höheren Verlusten ersichtlich. Je nach Spaltweite kommt es bei 15-30% der Kanalhöhe zu einem Anstieg der Verluste im Vergleich zur Referenz. Verantwortlich dafür ist eine Vergrößerung der Profilverluste infolge

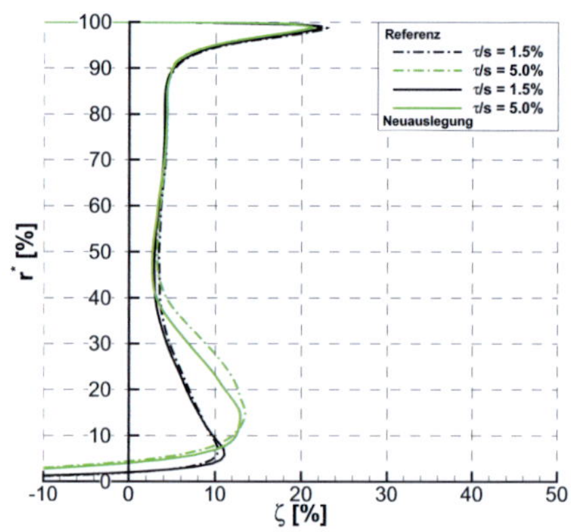

Abbildung 5.4: Radiale Verteilung des relativen Totaldruckverlustes über dem vierten Rotor der Neuauslegung für CFD bei Variation der Radialspaltweite an der Nabe

der dreidimensionalen Gestaltung sowie einer Verringerung der radialen Umverteilung. Insgesamt überwiegt jedoch der positive Einfluss der Auslegung, welcher sich in dem massenstromgewichteten, integralen Verlust für die innere Kanalhälfte ausdrücken lässt. Während beide Schaufeltypen für die kleinen Spaltweiten mit Verlusten von ca. 5.3% keine signifikante Veränderung aufweisen, sinkt der Verlust in der inneren Kanalhälfte für die großen Spaltweiten von 9.4% für den Referenzaufbau auf 8.8% für die Neuauslegung. Somit wurde die Zunahme des integralen Verlustes bei Vergrößerung der Spaltweite um 0.6 Prozentpunkte vermindert, dass entspricht 1/7 der Verluststeigerung infolge der Radialspaltvariation. Der niedriger normierte Totaldruck in der äußeren Kanalhälfte für die Neuauslegung ist primär durch die Normierung auf den jeweiligen Mittelwert der Kurve verursacht. Wie in den Verlusten und den anderen beiden Strömungsgrößen ersichtlich sind die Änderungen in der äußeren Kanalhälfte minimal.

Aus der verbesserten Abströmung des Stators sind positive Auswirkungen auf die Verluste des nachfolgenden Rotors zu erwarten. In Abb. 5.4 wird dies für die große Spaltweite am Stator von der CFD-Simulation bestätigt. Für die kleinere Spaltweite ermittelt die Auslegungsrechnung keine signifikanten Veränderungen der Verluste über dem vierten Rotor. Die Reduzierung der Verluste im Bereich 15-30% der Kanalhöhe für den großen Radialspalt am Stator tragen zur Verringerung der Sensitivität des Gesamtwirkungsgrads bei.

In den folgenden Unterkapiteln sollen die hier erläuterten Vorhersagen der Simulationen im Rahmen der Auslegung durch Messungen am Niedergeschwindigkeitsverdichter überprüft werden. Zusätzlich dienen die Simulationen der weiter gehenden Analyse der Strömung über die messbaren Strömungsgrößen hinaus. Dabei sind die bereits im Referenzversuch erkannten Abweichungen zwischen Messergebnissen und Simulationen zu berücksichtigen.

5.2 Globales Betriebsverhalten des Verdichters für neuausgelegte Statoren ohne Deckband

Bevor die Auswirkungen der neuen Beschaufelung auf das Strömungsfeld im Detail analysiert werden, soll analog zur Referenzbeschaufelung das globale Betriebsverhalten des gesamten Verdichters betrachtet werden. Hierzu sind in Abb. 5.5 die Kennlinien für die Auslegungsdrehzahl der neuen Beschaufelung und der Referenzbeschaufelung gegenüber gestellt. Bei diesem Vergleich ist zu berücksichtigen, dass die Messkampagnen ca. 1 Jahr auseinander lagen. Um eine gute Vergleichbarkeit der Messungen dennoch zu gewährleisten, wurde zu Beginn der zweiten Messkampagne die Referenz wiederholt. Der Verdichter wurde mit der Referenzbeschaufelung bei nominalen Radialspaltweiten analog Aufbau 16-01 (vgl. Tabelle 2.4) montiert. Die so vermessene Drehzahllinie ermöglicht die Übertragbarkeit der Ergebnisse zwischen den Messkampagnen. Bei identischem Druckaufbau wurde bedingt durch eine Kalibrierung der Drehmomentenmesswelle zwischen den beiden Messkampagnen für einen Abgleich des Wirkungsgradverlaufs eine Drehmomentenkorrektur notwendig. Diese wurde dann als konstanter Wert für alle Messreihen der Referenzbeschaufelung verwandt. Eine zusätzliche Drift der Drehmomentenmessung innerhalb der Messkampagnen konnte durch Messung des Drehmoments im Stillstand während der zweiten Messkampagne nicht nachgewiesen werden und wird daher vernachlässigt. Es folgt daraus, dass die Vergleiche der absoluten Wirkungsgrade nur bedingt möglich sind, sich die Auswertung daher auf die Differenzen im Wirkungsgrad bei Variation der Radialspaltweite konzentrieren wird.

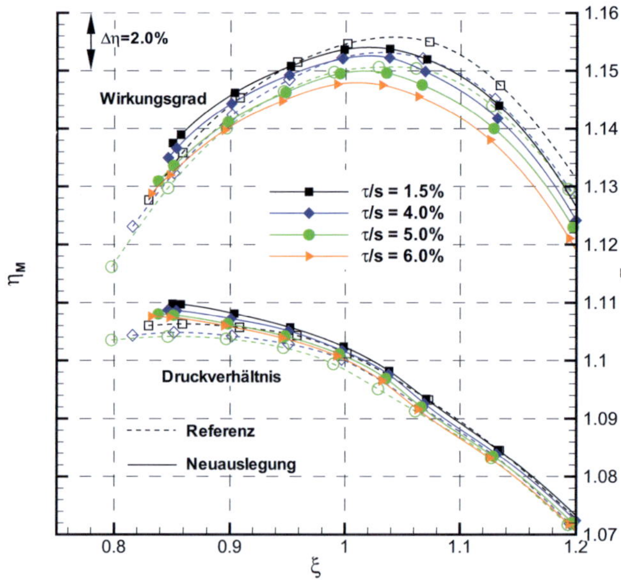

Abbildung 5.5: Kennlinien des vierstufigen Verdichters bei Variation der Radialspalte über dem dritten und vierten Stator bei neuausgelegter Beschaufelung (Auslegungsdrehzahl $\zeta_D = 1.0$)

Abbildung 5.5 zeigt die Kennlinien beider Aufbauten bei Variation der Spaltweite über Stator 3 und 4. Das erzielte Druckverhältnis ist für die kleine Spaltweite ($\tau/s = 1.5\%$) bei Durchsätzen größer $\xi = 1.05$ identisch. Für den Auslegungspunkt und höher belastete Betriebspunkte Richtung Stabilitätsgrenze zeigt sich eine deutliche Steigerung des Druckverhältnisses für die neue Beschaufelung gegenüber der Referenz bei gleicher Spaltweite. Diese Verbesserung des Druckaufbaus lässt sich analog für alle Spaltweiten feststellen. Im entlasteten Betriebsbereich bei Durchsätzen von $\xi > 1.05$ lässt sich für größere Spaltweiten bereits eine leichte Verbesserung des Druckverhältnisses erkennen. Diese Verminderung der Sensitivität gegenüber größeren Spaltweiten ist über den gesamten Betriebsbereich zu beobachten. Die Steigerung des Druckverhältnisses führt zu einem leicht eingeschränkten Betriebsbereich im Vergleich zur Referenz. Weiterhin ist eine Erweiterung des Betriebsbereichs bei steigender Spaltweite am Stator 3 und 4 für die neue Beschaufelung nicht in dem Maße zu erkennen wie bei der Referenzbeschaufelung. Wie im nächsten Abschnitt noch gezeigt wird, ist die Blockage durch den Radialspaltwirbel am dritten Stator für die neue Auslegung bei großen Spaltweiten signifikant reduziert. Die Umverteilung von Massenstrom radial nach außen fällt dadurch geringer aus und der nachfolgende Rotor wird somit weniger stark entlastet.

Der Vergleich der Wirkungsgrade der zwei Beschaufelungen ist aus oben genannten Gründen nur bedingt möglich. Tendenziell lässt sich für die beiden Varianten ein ähnliches Wirkungsgradniveau im Auslegungspunkt ($\xi = 1.00$; $\zeta_D = 1.00$) feststellen. Analog dem gesteigerten Druckniveau erhöht sich auch der Wirkungsgrad der neuen Beschaufelung Richtung Stabilitätsgrenze gegenüber der Referenzbeschaufelung. Diese weist jedoch im entlasteten Betriebsbereich höhere Werte auf. Da in diesem Bereich keine Strömungsfeldmessungen an der Referenz durchgeführt wurden, konnte die Ursache für das Wirkungsgraddefizit der neuen Beschaufelung in diesem Bereich nicht experimentell analysiert werden. Als mögliche Ursachen konnten minimal größere Radialspalte über allen Rotoren und die Verminderung der radialen Umverteilung identifiziert werden. Der erste Punkt ist bedingt durch Fertigungstoleranzen beim Herstellen der Radialspaltweite durch Überfräsen der Schaufeln im eingebauten Zustand. Die Rotoren der neuen Beschaufelung verfügen über einen ca. 0.25% Kanalhöhe größeren Radialspalt, diese Vergrößerung wurde in Nachrechnungen berücksichtigt. Darin zeigt sich, dass diese Abweichung der Geometrie für die Hälfte des Wirkungsgraddefizits im Bereich großer Durchsätze verantwortlich ist. Die zweite Ursache wird in der verminderten radialen Umverteilung von Massenstrom nach außen über den Statoren gesehen, wodurch am Gehäuse die Sekundärströmungseffekte verstärkt werden.

Für die Bewertung der neuen Beschaufelung ist vor allem die Differenz zwischen den Kurven mit der Spaltweite $\tau/s = 1.5\%$ und $\tau/s = 5.0\%$ im Vergleich mit den analogen Aufbauten bei Verwendung der Referenzbeschaufelung von Interesse. Diese Spaltweitenerhöhung von 3.5%, bezogen auf die Kanalhöhe, vermindert den Wirkungsgrad im Auslegungspunkt der Referenz um 0.9%, im Punkt maximalen Wirkungsgrads um 1%. Für die neue Beschaufelung ist für diese Punkte nur eine Reduzierung um 0.8% gemessen worden. Im Rahmen der Messgenauigkeit von $\Delta\eta = \pm 0.2\%$ lässt sich eine tendenzielle Verringerung der Sensitivität gegenüber großen Spaltweiten feststellen, welche auch in guter Übereinstimmung zu den CFD-Simulationen der Auslegung steht. Für den Druckaufbau lässt sich im Auslegungspunkt etwa eine Halbierung der Verminderung des Druckaufbaus für die genannten Spaltweiten ausmachen. Diese übertrifft die Erwartungen aus der Simulation, in der der Druckaufbau im Auslegungspunkt nur geringfügig verbessert wurde. Da die hier betrachteten Sensitivitäten insbesondere für den Wirkungsgrad im Bereich der Messgenauigkeit liegen, kann der Erfolg der Neuauslegung nicht basierend auf diesen Daten bewertet werden. Im nächsten Abschnitt werden daher die Strömungsfeldmessungen im Bereich der dritten und vierten Stufe des Verdichters analysiert.

5.3 Strömungsfeldmessungen am neuausgelegten Stator mit großem Radialspalt

5.3.1 Zuströmung zum dritten Stator

Für die Einstellung der Zuströmung wurde wie in Aufbau 16 eine Vergrößerung der radialen Spaltweite über den Statoren der ersten und zweiten Stufe vorgenommen. Dabei wurde, wie in Abschnitt 2.4.3 beschrieben, die gleiche Spaltweite verwendet wie in den Messungen der Referenzbeschaufelung. In Abb. 5.6 ist die Zuströmung zum dritten Stator für die optimierte Beschaufelung im Vergleich mit der Referenzbeschaufelung zu sehen. In den inneren 20% der Kanalhöhe sind Geschwindigkeitsprofil und Inzidenz nahezu identisch. Speziell auf die Abgleichung der Inzidenz wurde in diesem Bereich in der Auslegung Wert gelegt, so dass die Untersuchungen bei gleicher Belastung des Profils stattfinden. Aufgrund der neuen Geometrie verändert sich das Geschwindigkeitsprofil jedoch über die restliche Kanalhöhe deutlich. Ein Geschwindigkeitsmaximum ist bei 30% Kanalhöhe erkennbar. Am Gehäuse ist ein deutliches Defizit der normierten axialen Geschwindigkeitskomponente zu erkennen. Dies bedeutet, dass die neue Beschaufelung eine veränderte radiale Massenstromverteilung aufweist. Die Inzidenz wurde über weite Teile des Kanals leicht erhöht, liegt aber weiterhin nahe am optimalen Betriebspunkt des Profils.

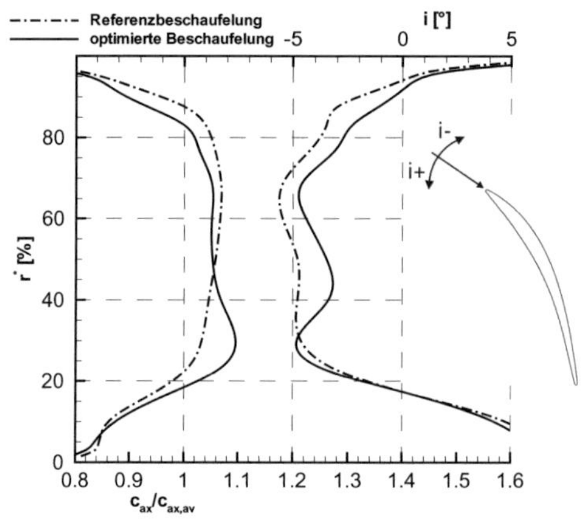

Abbildung 5.6: Normierte Axialgeschwindigkeit und Inzidenz in der Zuströmung zum dritten Stator im Auslegungspunkt der optimierten Beschaufelung

5.3.2 Strömung am dritten Stator bei Radialspaltvariation

Der Radialspaltwirbel an Statoren ohne Deckband ist der wesentliche Verlustmechanismus im Randbereich. Folglich war ein Ziel der Neuauslegung diesen Wirbel durch die Verkleinerung seiner Triebkraft zu schwächen. In den Darstellungen des normierten Totaldruckes in Abb. 5.7 und 5.8 lässt sich der Erfolg der Auslegung beurteilen. Es sind jeweils die gleichen Radialspaltweiten für die Referenzbeschaufelung und die neuausgelegte Beschaufelung gegenübergestellt. Für den Auslegungspunkt (Abb. 5.7) ist bei nominaler Spaltweite von $\tau/s = 1.5\%$ das Druckminimum an der Nabe bedingt durch den Radialspaltwirbel für beide Beschaufelungen ähnlich stark ausgeprägt. Für die größeren Spaltweiten von $\tau/s = 4.0\%$ bzw. 5.0% ist eine deutliche Abschwächung des Druckminimums zu erkennen. Erst eine Spaltweite von $\tau/s = 6.0\%$ zeigt ein ähnlich starkes Druckminimum wie der 4.0% Spalt bei der Referenzbeschaufelung. Somit ist eine Reduktion der Sensitivität gegenüber den Spaltweiten erreicht. Der Vergleich mit den CFD-Simulationen der Auslegung in Abb. 5.1 bestätigt die numerisch ermittelte Verkleinerung des Totaldruckminimums. Analog zu den bereits für die Referenz diskutierten Abweichungen der Wirbeltrajektorie bei kleinen Spaltweiten ist der Radialspaltwirbel auch bei der Neuauslegung für kleine Spaltweiten nur in der Messung ersichtlich. Die Simulation bestimmt die Ausbreitung auch im neuen Schaufeldesign zu stark in Umfangsrichtung und überschätzt die Größe des Totaldruckminimums bei großen Spaltweiten, dies hat jedoch keinen Einfluss auf die Verbesserung bei großer Spaltweite durch den Einsatz der dreidimensionalen Beschaufelung.

Bei der neuen Beschaufelung fällt weiterhin die gleichmäßigere Druckverteilung über weite Teile des Kanals auf, während die Referenzbeschaufelung ausgeprägte Gebiete höheren Totaldruckes in der oberen Kanalhälfte aufweist. Als mögliche Ursache wird hierfür die Änderung des Reaktionsgrads und die Einführung der V-Stellung gesehen, welche die radiale Umverteilung des Massenstroms nach außen unterdrücken. Somit kommt es nicht zur Konzentration des energiereichen Fluids im oberen Kanaldrittel. Beim Vergleich der Nachlaufdellen wird eine Aufdickung der Nachlaufdelle bei der optimierten Beschaufelung im Bereich 30-40% der Kanalhöhe deutlich. In diesem Bereich beginnt die positive V-Stellung, welche zu einer Entlastung der darunter liegenden Schnitte führen soll. Verbunden mit der Einführung einer positiven V-Stellung ist jedoch eine höhere Belastung und daraus folgende höhere Profilverluste im Bereich oberhalb der V-Stellung. Diese Ergebnisse entsprechen den Erkenntnissen von Sasaki und Breugelmans [67] in einer Kaskade und Lyes und Ginder [54] für einen Niedergeschwindigkeitsverdichter.

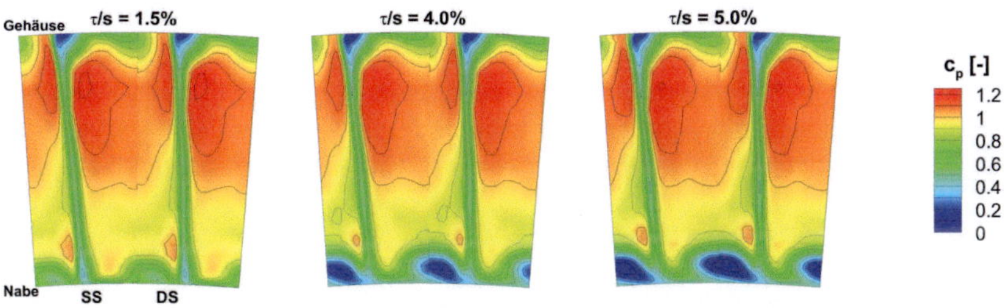

(a) Referenzbeschaufelung

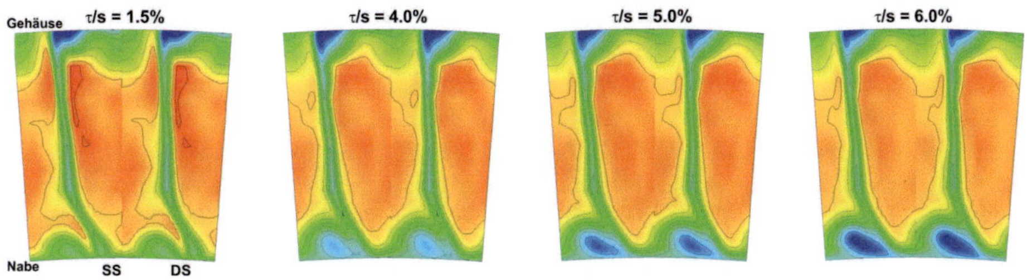

(b) optimierte Beschaufelung

Abbildung 5.7: Normierter Totaldruck c_p nach dem dritten Stator bei Variation der Radialspaltweite im Auslegungspunkt $\xi = 1.00$

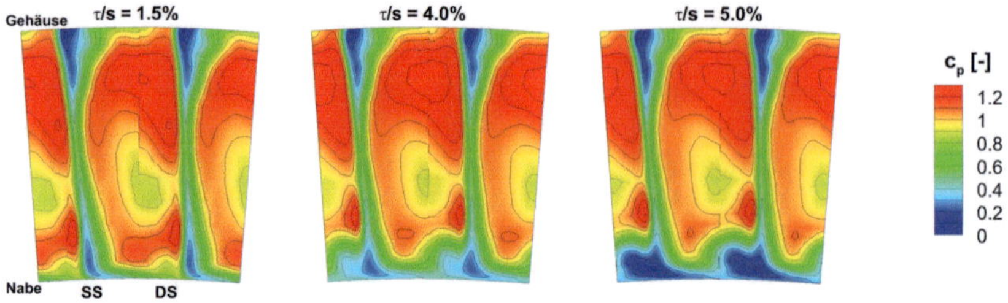

(a) Referenzbeschaufelung

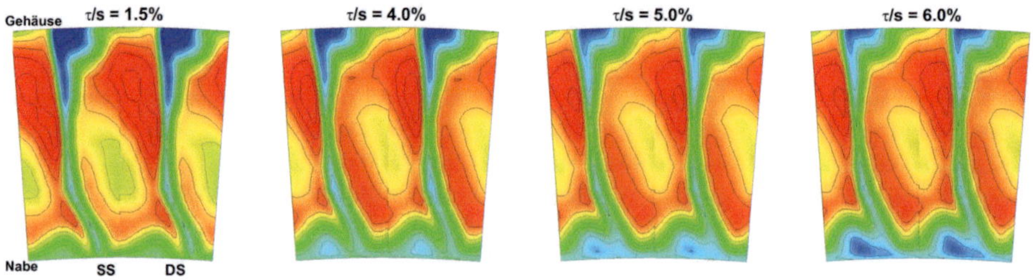

(b) Neuauslegung

Abbildung 5.8: Normierter Totaldruck c_p nach dem dritten Stator bei Variation der Radialspaltweite nahe der Stabilitätsgrenze $\xi = 0.85$

Nahe dem Gehäuse zeigt sich eine weitere Verschlechterung des Totaldruckverlaufes im Vergleich zur Referenzbeschaufelung. Insbesondere das Totaldruckminimum nahe der Ecke zwischen der Saugseite des Stators und dem Gehäuse ist stark vergrößert. Als mögliche Ursachen sind hier eine verstärkte Sekundärströmung und die größere Blockage in der Zuströmung zu sehen. Die neue Reaktionsgradverteilung erfordert mehr Massenstrom an der Nabe, wodurch dieser dem gehäusenahen Bereich entzogen wird. Dies ist in Abb. 5.6 anhand der verminderten normierten axialen Geschwindigkeitskomponente ersichtlich, welche mit einer Erhöhung der Inzidenz gekoppelt ist. Somit ist weniger energiereiches Fluid vorhanden und die Sekundärströmung sammelt mehr energiearmes Fluid in der saugseitigen Ecke an. Verstärkt wird dieser Effekt der Neuauslegung durch die leicht vergrößerten Rotorradialspalte. Eine genaue Aufteilung der Ursachen ist im Rahmen von numerischen Untersuchungen nur bedingt möglich. So zeigen die CFD-Berechnungen der Auslegung in Abb. 5.1 unter Verwendung identischer Radialspaltweiten am Rotor für beide Beschaufelungen keine Veränderungen in der äußeren Kanalhälfte. Jedoch ist bereits anhand der Referenzbeschaufelung festgestellt worden, dass die Simulationen die radiale Ausdehnung der Verluste unterschätzen. Somit ist anzunehmen, dass die radiale Umverteilung und ihre Folgen auch hier unterschätzt werden. Da die Beschaufelung in der oberen Kanalhälfte nicht verändert wurde, ist diese Verschlechterung der Strömung bei der Bewertung der Neuauslegung gesondert zu betrachten. Eine vollständige Neuauslegung würde entsprechende Maßnahmen zur Minimierung der Sekundärströmungsverluste am Gehäuse beinhalten müssen, z. Bsp. eine positive V-Stellung. Von größerem Interesse ist hier der Vergleich der unteren Kanalhälfte bei Variation der Radialspaltweite.

Analog den Ergebnissen im Auslegungspunkt ist bei höherer Belastung nahe der Stabilitätsgrenze (Abb. 5.8) eine Verringerung der Sensitivität gegenüber der Statorradialspaltweite zu erkennen. Auch hier ist das Totaldruckdefizit an der Nabe für die größte Radialspaltweite (τ/s = 6.0%) der neuen

Beschaufelung am ehesten mit der Variante mit $\tau/s = 4.0\%$ der Referenzbeschaufelung zu vergleichen. Für die kleinste Spaltweite ($\tau/s = 1.5\%$) ist nahe der Nabe die Aufdickung der Nachlaufdelle, wie sie im Referenzfall ersichtlich ist, nicht im gleichen Maße vorhanden. Dafür tritt ein klar von der Nachlaufdelle getrenntes Druckminimum auf, welches dem Radialspaltwirbel zugeordnet werden kann. Diese deutliche Trennung von Nachlaufdelle und Druckminimum durch den Radialspaltwirbel ist auch für die größeren Spaltweiten bei der optimierten Beschaufelung zu erkennen. Erst beim größten untersuchten Spalt tritt eine starke Vermischung auf. Da sich die Größe der Teilung nicht verändert hat, liegt die Vermutung nahe, dass der Radialspaltwirbel bei der Neuauslegung sich weniger weit in Umfangsrichtung ausbreitet. Dies kann durch erhöhte axiale Geschwindigkeitskomponenten oder verringerte Belastung des spaltnahen Profils bedingt sein. Über die restliche Höhe des Kanals ist analog zum Auslegungspunkt eine gleichmäßigere Druckverteilung zu beobachten. Am Gehäuse zeigt sich eine drastische Verschlechterung der Strömungsverhältnisse. Das Minimum des Totaldruckes an der Verbindung von Saugseite und Gehäuse ist im Vergleich zur Referenzbeschaufelung erheblich vergrößert. Wie bereits für den Auslegungspunkt diskutiert, ist die Ursache hierfür in der erhöhten Blockage und Inzidenz in der Zuströmung im oberen Kanaldrittel zu sehen. Bei zunehmender Spaltweite an der Statornabe kommt es zu einer Verringerung der Ausmaße des beschriebenen Druckminimums. Ursächlich hierfür ist nicht die Zuströmung, welche sich in den Messungen als konstant erweist, sondern die Verdrängung von Massenstrom Richtung Gehäuse durch die blockierende Wirkung des wachsenden Radialspaltwirbels an der Nabe.

Die drei Strömungsgrößen Totaldruck, axiale Geschwindigkeitskomponente und Strömungswinkel sind als teilungsgemittelte Verteilungen über der Kanalhöhe in Abb. 5.9 zusammen mit den Daten des kleinsten und größten vermessenen Spaltes aus der Messkampagne mit der Referenzbeschaufelung dargestellt. Diese Messergebnisse sind mit den Auslegungsrechnungen in Abb. 5.2 zu vergleichen. Für beide Betriebspunkte ist nahe der Nabe eine Verminderung des Einflusses der Radialspaltweite für alle betrachteten Größen zu erkennen. Für den Auslegungspunkt (Abb. 5.9 a) sind bei nominaler Spaltweite die normierte axiale Geschwindigkeitskomponente und der Abströmwinkel identisch zwischen den beiden Beschaufelungen. Die in der Simulation ermittelte Verbesserung für die Neuauslegung ist nur lokal bei 20% Kanalhöhe ersichtlich. Die Steigerung von Minderumlenkung und Blockage bei zunehmender Spaltweite ist bei der Neuauslegung geringer als bei der Referenzbeschaufelung. Dieser Erfolg der Neuauslegung wird vor allem am größten Spalt der Neuauslegung ($\tau/s = 6.0\%$) veranschaulicht, der eine geringere Verschlechterung der Profile aufweist als der Spalt $\tau/s = 5.0\%$ an der Referenzbeschaufelung. Während der Abströmwinkel über die restliche Kanalhöhe unverändert ist und auch nicht mit der Spaltweite korreliert, ist bei der normierten axialen Geschwindigkeitskomponente für die neue Beschaufelung eine Verminderung im Bereich größer 80% der Kanalhöhe und eine Erhöhung im Bereich 20-60% der Kanalhöhe festzustellen. Dabei ist eine sehr schwache Abhängigkeit von der Spaltweite zu erkennen, welche auf radiale Umverteilung in Folge der steigenden Blockage des Radialspaltwirbels zurückzuführen ist. Die Reduktion der Geschwindigkeit im äußeren Kanalbereich gegenüber der Referenz folgt aus der bereits beschriebenen Veränderung der Zuströmung infolge der Rotorradialspaltweite und veränderten radialen Massenstromverteilung in den ersten Stufen. Die Totaldruckverteilung zeigt analog den vorangehenden Abbildungen eine Verringerung des Totaldruckdefizits an der Nabe, sowie eine geringere Sensitivität gegenüber der Spaltweite. Gleichzeitig ist das Totaldruckprofil im mittleren Kanalbereich gleichmäßiger. Am Gehäuse zeigt sich ein vergrößertes Druckminimum, welches bei wachsender Spaltweite weniger ausgeprägt ist. Im Rahmen der Auslegung wurde die Sensitivität bezüglich der Spaltweite beispielhaft für 10% Kanalhöhe diskutiert. Die Messdaten für $\tau/s = 1.5\%$ und 5.0% bestätigen die vorhergesagte Reduktion der Sensitivität um ca. 30%. Analoge Ergebnisse sind

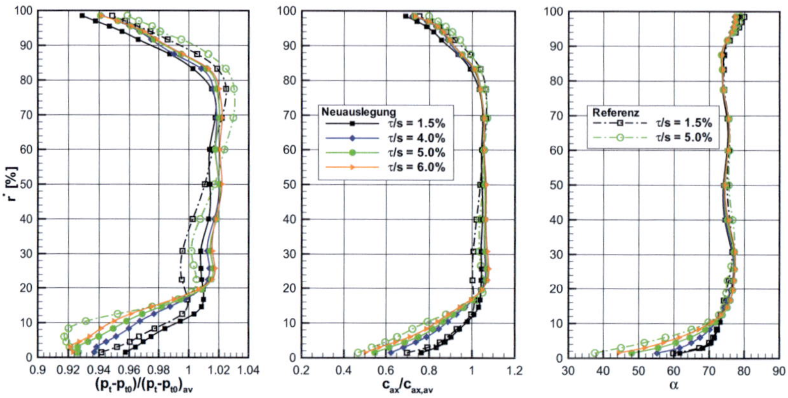

(a) Auslegungspunkt $\xi = 1.00$

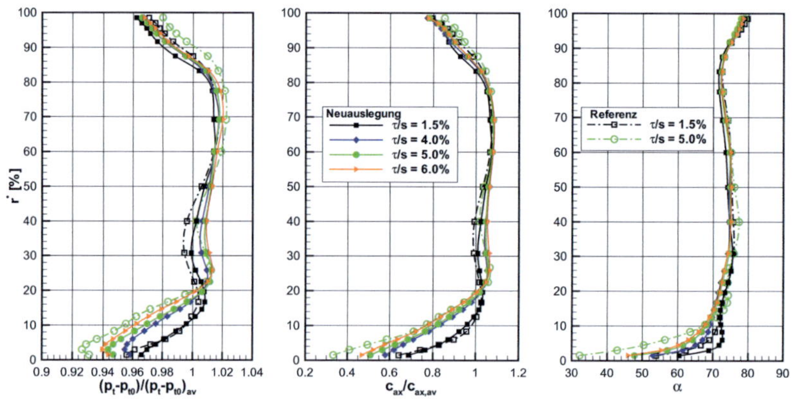

(b) nahe der Stabilitätsgrenze $\xi = 0.85$

Abbildung 5.9: Normierter Totaldruck, normierte Axialgeschwindigkeit und absoluter Strömungswinkel nach dem dritten Stator bei Variation der Radialspaltweite an der optimierten Beschaufelung; teilungsgemittelt

für den Betriebspunkt nahe der Stabilitätsgrenze (Abb. 5.9 b) zu erkennen. Insbesondere ist hier zu beachten, dass bereits für den kleinsten Spalt eine deutliche Verbesserung im Abströmwinkel auftritt, während Axialgeschwindigkeit und Totaldruck ähnliche Verläufe wie die Referenzbeschaufelung aufweisen. Abbildung 5.9 belegt somit für beide Betriebspunkte des Verdichters die geringere Sensitivität gegenüber großen Radialspaltweiten am Stator und damit den Erfolg der Auslegung.

Mit wachsender Radialspaltweite wurden in Abb. 5.7 als auch in Abb. 5.8 größere Totaldruckminima gefunden. Diese sind mit einem Anstieg der Verluste verbunden und somit auch in den radialen Verteilungen der Verluste in Abb. 5.10 quantifizierbar. Für die beiden untersuchten Betriebspunkte ist ein Anstieg der Verluste mit der Radialspaltweite in den inneren 20% der Kanalhöhe zu beobachten. Zum direkten Vergleich mit der Referenzbeschaufelung sind die Verteilungen für deren kleinste und

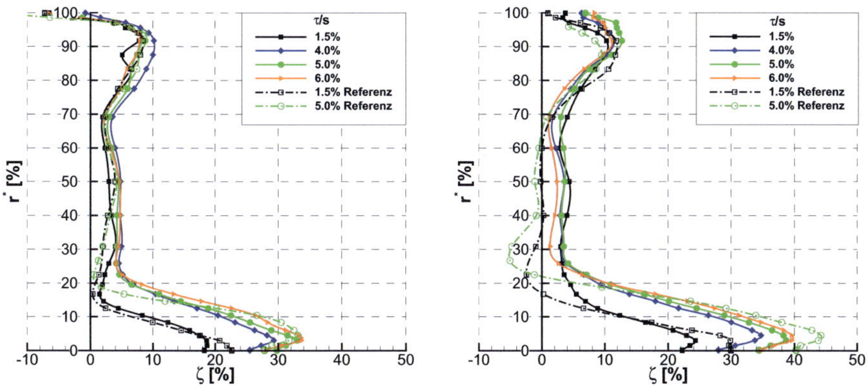

(a) Auslegungspunkt $\xi = 1.00$ (b) nahe der Stabilitätsgrenze $\xi = 0.85$

Abbildung 5.10: Radiale Verteilung des Totaldruckverlustes über dem dritten Stator bei Variation der Radialspaltweite für die optimierte Beschaufelung

größte Spaltweite in den Grafiken mit dargestellt. Im Auslegungspunkt ist für die kleinste Spaltweite von $\tau/s = 1.5\%$ an der Nabe eine leichte Verringerung der maximalen Verluste festzustellen. Eine Vergrößerung der Verluste tritt hingegen für den Bereich 20-40% der Kanalhöhe auf. Dies entspricht dem Bereich, in welchem die Fädelungslinie der Profile zur Saugseite geneigt ist. Eine weitere mögliche Ursache für höhere Profildruckverluste ist die vergrößerte axiale Geschwindigkeitskomponente in der Zuströmung bei 20-30% Kanalhöhe, vergleiche Abb. 5.6. Die Auslegungsberechnung weist in Abb. 5.3 eine ähnliche Verluststeigerung auf, wobei erneut Unterschiede in der radialen Erstreckung der Gebiete auftreten. Diese wurden nach den Erkenntnissen der Simulationen der Referenzversuche erwartet. Weiterhin ist vergleichbar zu diesen Simulationsergebnissen auch für die CFD-Berechnung der neuen Auslegung ein Überschätzung des maximalen Verlustes zu beobachten. Die Verringerung des maximalen Verlustes wird im Rahmen der Messgenauigkeit für den kleinen Spalt in guter Übereinstimmung mit den Simulationen bestimmt. Bei der Spaltweite von $\tau/s = 5.0\%$ lässt sich analog nur eine geringe Verbesserung für die inneren 10% des Kanals feststellen, während die neuausgelegte Beschaufelung zwischen 15% und 40% des Kanals größere Verluste erzeugt. Die sehr deutliche Verbesserung des Totaldruckprofils in Abb. 5.7 bzw. Abb. 5.9 ist somit nicht ausschließlich durch die Verringerung der Verluste am dritten Stator zu erklären. Bedingt durch eine bessere Zuströmung an der Nabe aus den vorderen Stufen reduziert sich hier das Totaldruckdefizit. Für den Betriebspunkt nahe der Stabilitätsgrenze ist für alle Spaltweiten eine deutliche Reduzierung der maximalen Verluste an der Nabe im Vergleich zur Referenzbeschaufelung nachweisbar. Größer fallen die Verluste hingegen wieder im Bereich 20-40% der Kanalhöhe aus. Während bei der Referenzbeschaufelung nahe der Stabilitätsgrenze eine Reduzierung der Verluste im mittleren Kanalbereich im Vergleich zum Auslegungspunkt gemessen wurde, tritt dies für die optimierte Beschaufelung nicht auf. Die Ursache für dieses Verhalten ist in einer veränderten radialen Umverteilung des Massenstroms zu sehen. Bei der Referenzbeschaufelung blockierte der Radialspaltwirbel weite Teile des inneren Kanaldrittels und sorgte so für eine Verschiebung der Quasi-Stromlinien nach außen. Dieser Verschiebung wird in der neuen Beschaufelung durch die positive V-Stellung entgegen gewirkt. Es kommt zu einer deutlich geringeren Verlagerung von Massenstrom nach außen, dies ist in Abb. 5.11 zu erkennen. Aufgetragen ist hier die Änderung des Radius für

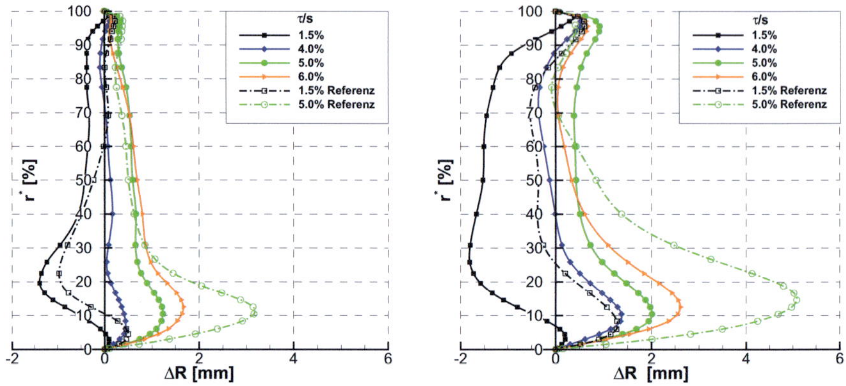

(a) Auslegungspunkt $\xi = 1.00$ (b) nahe der Stabilitätsgrenze $\xi = 0.85$

Abbildung 5.11: Radiale Umverteilung des Massenstroms über dem dritten Stator bei Variation der Radialspaltweite

konstanten Massenstrom von der Nabe aus integriert zwischen Ein- und Auslass des dritten Stators. Ein positiver Wert von ΔR bedeutet somit, dass für den gleichen Massenstrom zu einem größeren Radius am Auslass der Schaufelreihe integriert werden musste als am Einlass. Insbesondere nahe der Stabilitätsgrenze ist in der inneren Kanalhälfte eine markante Verringerung der radialen Umverteilung festzustellen. Für den kleinsten untersuchten Spalt ($\tau/s = 1.5\%$) wurde für die Neuauslegung und die Referenz in beiden Betriebspunkten eine teilweise Umverteilung nach innen detektiert. Bedingt durch die größeren Radialspalte der Statoren der ersten und zweiten Stufe liegt in der Zuströmung eine höhere Massenstromdichte in der äußeren Kanalhälfte vor. Der kleinere Spalt am dritten Stator ermöglicht so eine Umverteilung nach innen. Diese fällt für die Neuauslegung aufgrund der V-Stellung wesentlich stärker aus.

Die verringerte Auswirkung einer Spaltweitenerhöhung auf die Verluste im nabennahen Bereich ist für die größte untersuchte Spaltweite von $\tau/s = 6.0\%$ für beide Betriebspunkte anhand von Verlusten, die kleiner sind als für die Referenzbeschaufelung bei um 1% kleinerer Spaltweite, ersichtlich. Ein quantitativer Vergleich von CFD-Simulation und Messung durch Integration der Verlustbeiwerte führt nicht zu einer Bestätigung der Verlustverbesserung, da die Verbesserungen an der Nabe durch die Steigerung der Profilverluste im Bereich oberhalb der V-Stellung kompensiert werden. Darüber hinaus ist die Messunsicherheit zu groß um aussagekräftige integrale Werte zu ermitteln. Wie bereits für die Referenz andeutungsweise zu erkennen war, steigen die Verluste bei sehr großen Spaltweiten am Stator nicht mehr linear an. Dies ist auch gut am geringen Abstand der Verlustverteilungen der beiden größten Spaltweiten der Neuauslegung zu erkennen.

Die erreichten Verbesserungen am dritten Stator sollen im Weiteren mit Hilfe der Simulationsergebnisse detaillierter untersucht werden. Dazu stellt Abb. 5.12 zunächst die Verteilung der axialen Geschwindigkeitskomponente innerhalb der Schaufelpassage dar. Die verwendeten Ebenen sind als Flutflächen mit konstantem Radius auf Höhe der Radialspaltweite gewählt. Niedrige axiale Geschwindigkeitskomponenten charakterisieren die Blockage durch den Radialspaltwirbel. Der obere Bildteil zeigt die Referenzbeschaufelung analog zu Abb. 4.11. Beim Vergleich der zwei Schaufeltypen gilt es zu berücksichtigen, dass aufgrund der V-Stellung die Profile der neuen Beschaufelung neben einer

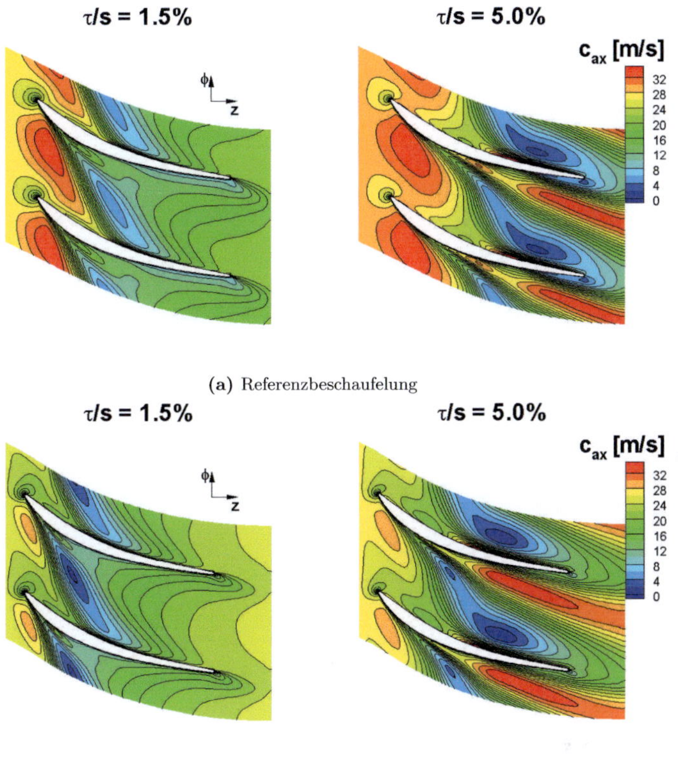

(b) Neuauslegung

Abbildung 5.12: Verteilung der axialen Geschwindigkeitskomponente c_{ax} für $r^* = \tau/s$ am dritten Stator der Referenz und Neuauslegung für CFD-Simulationen im Auslegungspunkt ($\xi = 1.00$)

Verschiebung in Umfangsrichtung auch axial stromauf verschoben sind. Dadurch vergrößert sich der Abstand zwischen Hinterkante und Messebene respektive Rotor-Stator-Interface, wodurch die Ausmischung von Gradienten etwas stärker ausfällt. Wesentlicher ist jedoch, dass der Radialspaltwirbel für die Neuauslegung näher an der Vorderkante beginnt und seine Trajektorie einen größeren Winkel zur Verdichterachse aufweist. Somit trifft der Radialspaltwirbel früher auf die Druckseite der benachbarten Schaufel. Analog der Diskussion in Abschnitt 4.2.2 ist auch für die Neuauslegung die Trajektorie des Radialspaltwirbels deutlich stärker in Umfangsrichtung ausgerichtet als dies auf Basis der Messdaten in Abb. 5.7 und 5.8 zu erwarten wäre. Die Analyse der Unterschiede muss daher primär an der großen Spaltweite von $\tau/s = 5.0\%$ erfolgen, welche ein realistischeres Bild in der Abströmung aufweist. Im Bereich der Hinterkante ist die blockierende Wirkung des Radialspaltwirbels wesentlich geringer als für die Referenzbeschaufelung. Die V-Stellung induziert im hinteren Teil der Schaufelpassage Geschwindigkeiten, die radial nach innen gerichtet sind. Diese vermindern die Ausdehnung des Radialspaltwirbels und ermöglichen so höhere axiale Geschwindigkeiten am Austritt der Passage. Ein weiterer positiver Effekt der V-Stellung ist für beide Spaltweiten an der Saugseite nahe der Hinterkante zu erkennen.

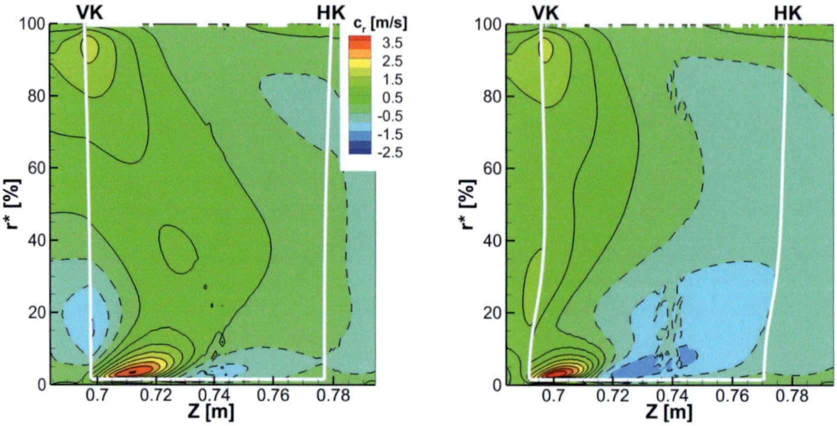

(a) Referenzbeschaufelung

(b) Neuauslegung

Abbildung 5.13: Verteilung der teilungsgemittelten, radialen Geschwindigkeitskomponente am dritten Stator mit kleinem Radialspalt ($\tau/s = 1.5\%$) im Auslegungspunkt ($\xi = 1.00$) für CFD-Simulation

Aufgrund der sinkenden saugseitigen Diffusion durch die V-Stellung ist das Geschwindigkeitsminimum in diesem Bereich reduziert, folglich sind lokal niedrigere Profilverluste zu erwarten.

Die von der V-Stellung induzierten, radial nach innen gerichteten Geschwindigkeiten lassen sich gut in den teilungsgemittelten Simulationsergebnissen über dem dritten Stator visualisieren. In Abb. 5.13 werden die Verteilungen der radialen Geschwindigkeitskomponente für Referenz und Neuauslegung an der kleinen Spaltweite ($\tau/s = 1.5\%$) miteinander verglichen. Bereiche negativer und somit radial nach innen gerichteter Geschwindigkeiten sind durch gestrichelte Isolinien zu erkennen. Diese Region ist für die Neuauslegung im hinteren Teil der Beschaufelung, welche durch weiße Linien für Vorder- und Hinterkante gekennzeichnet ist, wesentlich ausgeprägter als für die Referenz. Markant treten im Mittel radial nach innen gerichtete Geschwindigkeiten ab der Hälfte der axialen Erstreckung der Schaufel im Bereich der positiven V-Stellung ($r^* = 30 - 40\%$) und darunter auf.

Als Triebkraft des Radialspaltwirbels gilt neben der Rotation der Nabe die Druckdifferenz zwischen Druck- und Saugseite. Die Profildruckverteilungen für ausgewählte Radien in der inneren Kanalhälfte sind in Abb. 5.14 zusammengestellt. Die Normierung der Druckverteilung erfolgt nach Gleichung 2.14 mit den teilungsgemittelten Zuströmbedingungen im Mittelschnitt. Die Simulationsergebnisse sind für die Referenz mit gestrichelten Linien und für die Neuauslegung mit durchgezogenen Linien dargestellt. Messdaten sind, soweit vorhanden, durch entsprechende Linien mit Symbolen gekennzeichnet. Der kleinen Spaltweite von $\tau/s = 1.5\%$ auf der linken Seite sind die analogen Ergebnisse bei großer Spaltweite von $\tau/s = 5.0\%$ gegenübergestellt. Im mittleren Schnitt $r^* = 50\%$ und bei 25% Kanalhöhe sind keine signifikanten Einflüsse der Spaltweite zu erkennen. Die Neuauslegung weist in diesem Bereich eine leicht erhöhte Belastung in den Messergebnissen auf, welche von den Simulationen nicht wiedergegeben wird. Darüberhinaus liegt eine gute Übereinstimmung von CFD-Simulation und Messung vor. Näher an der Nabe bei $r^* = 12.5\%$ und $r^* = 8.3\%$ ist für die nominale Spaltweite ein Anstieg des statischen Druckes beidseitig der Schaufel für die Neuauslegung zu beobachten. Eine Steigerung des statischen Druckes nahe der Nabe verursachen sowohl die lokal veränderte Verteilung

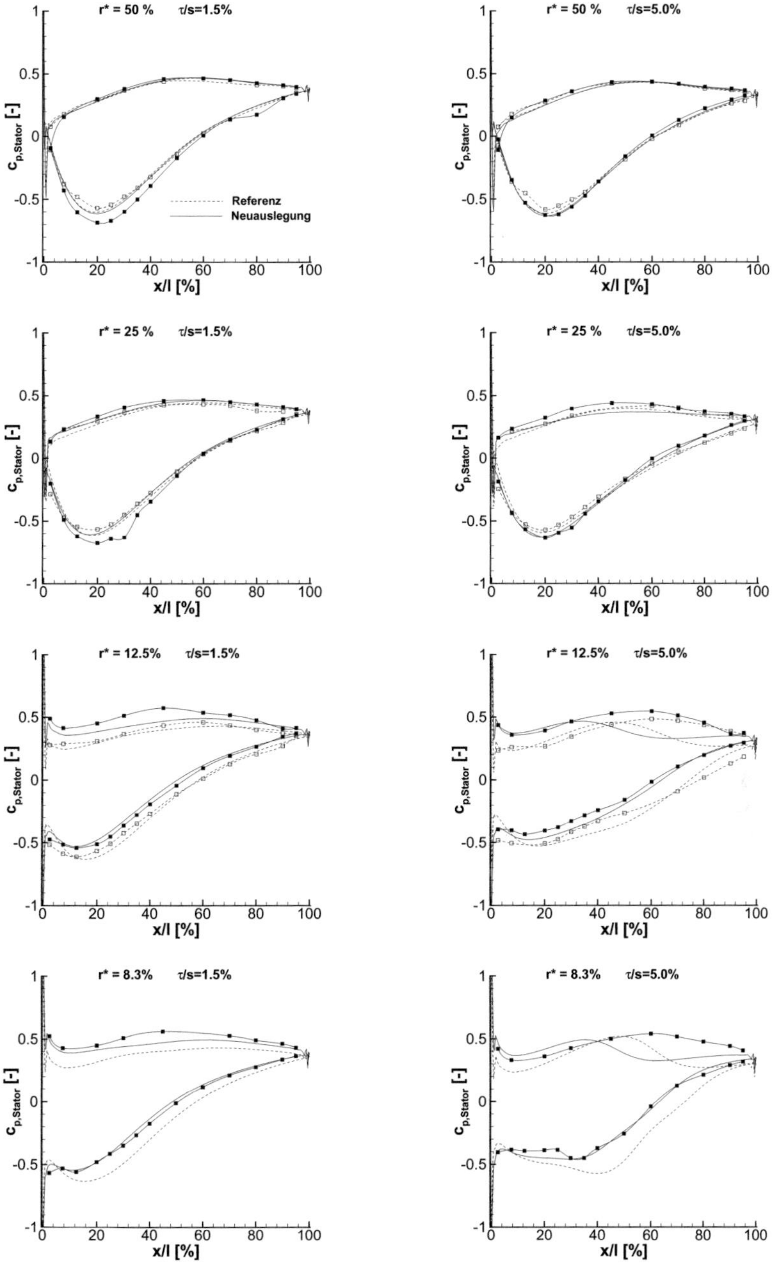

Abbildung 5.14: Vergleich der Profildruckverteilung am dritten Stator für Messung (mit Symbolen) und CFD (ohne Symbole) im Auslegungspunkt ($\xi = 1.00$)

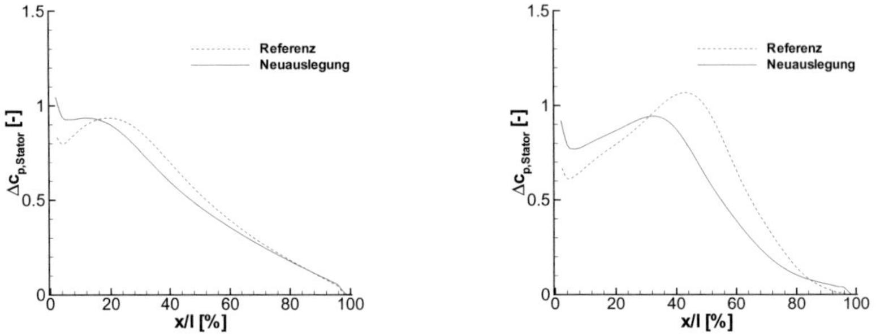

(a) $\tau/s = 1.5\%$ (b) $\tau/s = 5.0\%$

Abbildung 5.15: Differenz der Profildruckverteilung auf Druck- und Saugseite bei $r^* = 8.3\%$ am dritten Stator für CFD im Auslegungspunkt ($\xi = 1.00$)

des Reaktionsgrades als auch die positive V-Stellung. Die für die V-Stellung erwartete Verringerung der saugseitigen Diffusion, welche auch anhand der Verminderung des lokalen Geschwindigkeitsminimums an der Saugseite nahe der Hinterkante veranschaulicht wird (vgl. Abb. 5.12), ist nur bedingt durch einen flacheren Verlauf des Druckprofils auf der Saugseite zu erkennen. Auch für diese Schnitte ist eine gute Übereinstimmung von CFD und Messung festzustellen. Der statische Druck auf der Druckseite wird für die Neuauslegung gegenüber der Messung leicht unterschätzt. Der Vergleich von Messung und Simulation auf der Saugseite bei $r^* = 12.5\%$ zeigt gegenläufige Tendenzen, wodurch die Auswirkung der Neuauslegung von der CFD überschätzt wird. Die wesentlichen Veränderungen sind jedoch ausreichend gut wiedergegeben. Bei der größeren Spaltweite treten aufgrund der Interaktion des Radialspaltwirbels mit der Druckseite bei $r^* = 12.5\%$ und darunter größere Abweichungen zwischen Simulation und Messung auf. Wie bereits an der Referenzbeschaufelung diskutiert, lässt der Radialspaltwirbel den statischen Druck auf der Druckseite im hinteren Bereich deutlich absinken. Diese Abweichung von der Messung veranschaulicht darüber hinaus, dass der Radialspaltwirbel bereits früher auf die Druckseite auftrifft als in der Referenzbeschaufelung. Für letztere ist ein Absinken des statischen Druckes ab ca. 50% der axialen Erstreckung der Schaufel zu beobachten. Bei dem neuausgelegten Stator tritt dies bereits bei ca. 40% auf. Für den vorderen Bereich der Druckseite und die gesamte Saugseite ist eine akzeptable Übereinstimmung von Messung und Simulation festzustellen. Unter Berücksichtigung der bisher diskutieren Abweichungen von Messung und Simulation kann die Druckdifferenz zwischen Druck- und Saugseite beispielhaft für $r^* = 8.3\%$ bei beiden Spaltweiten anhand der Simulationen ausgewertet werden. In Abb. 5.15 ist zu erkennen, dass die Druckdifferenz zwischen Druck- und Saugseite im vorderen Bereich der Neuauslegung angestiegen ist. Dadurch entwickelt sich der Radialspaltwirbel bereits näher an der Vorderkante, wie anhand von Abb. 5.12 bereits diskutiert. Darüber hinaus sinkt die maximale Druckdifferenz sowie die Differenz über weite Teile des Profils. Für die kleine Spaltweite ist die Druckdifferenz ab etwa 15% der axialen Erstreckung reduziert, für den großen Spalt zwischen 30% und 85%. Die damit verbundene Reduzierung der Leckage durch den Radialspalt verringert die Ausmaße des Radialspaltwirbels und der damit verbundenen Blockage.

Zwei wesentliche Mechanismen sorgen folglich für eine Verringerung der Blockage, zum Einen induzierte, radial nach innen gerichtete Geschwindigkeiten und zum Anderen geringere Leckage durch den Radialspalt durch eine geringere Druckdifferenz über dem Profil im mittleren und hinteren Bereich der Schaufel. Daher soll die Entwicklung der Blockage im Folgenden genauer betrachtet werden. Nach

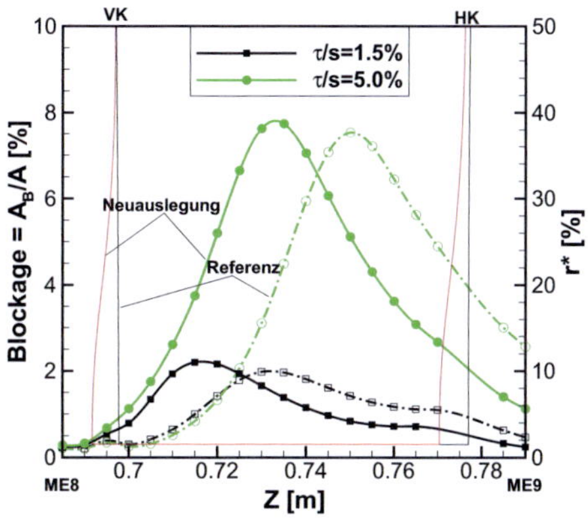

Abbildung 5.16: Entwicklung der Blockage über dem dritten Stator für zwei Radialspaltweiten der Referenzbeschaufelung und Neuauslegung für CFD-Simulation im Auslegungspunkt ($\xi = 1.00$)

Khalid *et al.* [41] lässt sich die von Sekundärströmungseffekten blockierte Fläche analog der Definition einer Verdrängungsdicke berechnen:

$$A_B = \int\int \left(1 - \frac{\rho c_{ax}}{\rho_\delta c_{ax,\delta}}\right) \mathrm{d}A \tag{5.1}$$

Die Meridiangeschwindigkeit wurde dabei durch die axiale Geschwindigkeitskomponente c_{ax} ersetzt. Die CFD-Simulationen im Auslegungspunkt sind anhand der genannten Definition im Bereich des dritten Stators auf mehreren Achsnormalschnitten ausgewertet worden. Die Wahl des Grenzwertes zwischen Hauptströmung und Bereichen mit Geschwindigkeitsdefizit $\rho_\delta c_{ax,\delta}$ erfolgte für alle Schnitte einheitlich. In Abb. 5.16 ist die blockierte Fläche A_B, normiert mit der Fläche des jeweiligen Achsnormalschnittes, dargestellt. Die Symbole visualisieren, an welchen axialen Positionen die Auswertung durchgeführt wurde. Der Bereich der Hinterkante wurde von der Analyse ausgeschlossen, da es in diesem Bereich zu Unstetigkeiten durch die zusätzliche Blockage der Nachlaufdelle kommt. Ergänzend sind die Umrisse der Statoren im Meridianschnitt für die nominale Spaltweite dargestellt. Durch die Einführung der V-Stellung liegt die Vorderkante der Neuauslegung im Bereich des Radialspaltes ca. 5mm axial vor der Referenzbeschaufelung. Die Blockage wächst, insbesondere durch die Entwicklung des Radialspaltwirbels, nach der Vorderkante stark an. Für die Neuauslegung geschieht dies schneller als für die Referenz. Die maximale Blockage ist minimal größer und wird axial ca. 20mm, d.h. bezogen auf die Sehne ca. 16%, früher erreicht. Dies bestätigt, dass der Radialspaltwirbel infolge der größeren Profildruckdifferenz im vorderen Teil des Profils sich gegenüber dem Referenzfall näher zur Vorderkante der Schaufel entwickelt. Entscheidend für die niedrigere Blockage stromab des dritten Stators in Messebene 9 ist der starke Rückgang der Blockage stromab des genannten Maximums. Die Ursache in der letztendlich niedrigeren Blockage der Neuauslegung ist zum Einen die geringere Profildruckdifferenz im mittleren und hinteren Teil des Profils, die die weitere Blockage stromab des sich zunächst bildenden Radialspaltwirbels reduziert. Zum Anderen werden durch die V-Stellung im hinteren Teil des Profils Geschwindigkeiten induziert, die radial nach innen gerichtet sind und so der Ausbreitung des Radialspaltwirbels entgegenwirken. Des Weiteren steht der Ausmischung des

Radialspaltwirbels aufgrund des früher erreichten Maximums eine größere Wegstrecke zur Verfügung. Als Beleg für die erfolgreiche Neuauslegung ist die Blockage in Messebene 9 zu werten. Während für die nominale Spaltweite ($\tau/s = 1.5\%$) nur ein geringer Rückgang erreicht wurde, ist für die große Spaltweite von $\tau/s = 5.0\%$ die Blockage halbiert worden. Somit liegt eine deutliche Verringerung der Sensitivität bezüglich der Spaltweite vor. Insbesondere von dieser Verbesserung sollte auch der nachfolgende Rotor, welcher im nächsten Abschnitt analysiert wird, profitieren.

5.3.3 Auswirkung der Radialspaltvariation am dritten Stator auf Rotor 4

In Abb. 5.17 sind die teilungsgemittelten Verläufe des normierten Totaldruckes, der normierten axialen Geschwindigkeitskomponente und des absoluten Strömungswinkels für die Abströmung des vierten Rotors dargestellt. Analog dazu sind die numerischen Ergebnisse des Auslegungspunktes in Abb. 5.18 ersichtlich. Die Variation der Radialspaltweite am dritten und vierten Stator der neuen Beschaufelung hat wesentlich geringere Auswirkungen auf das gemessene Totaldruckprofil nach dem vierten Rotor als bei der Referenzbeschaufelung. An Nabe und Gehäuse ist im Auslegungspunkt nur eine schwache Abhängigkeit von der Spaltweite am Stator zu erkennen. Im Bereich von 10% bis 50% der Kanalhöhe ist die in der Referenzbeschaufelung auftretende starke Verringerung des Totaldruckes bei steigender Spaltweite nur noch geringfügig festzustellen. Das normierte Totaldruckverhältnis ist für die neue Beschaufelung über weite Teile des Kanals nahe bei 1.0 und wesentlich weniger abhängig von der Radialspaltweite der umgebenden Statoren. Die Simulationen geben dieses Verhalten nicht wieder. In Abb. 5.18 ist das Totaldruckminimum bei 20% der Kanalhöhe zwar für beide Spaltweiten der Neuauslegung abgeschwächt, aber immer noch wesentlich stärker ausgeprägt als in den Messungen. Folglich unterschätzt die Simulation in diesem Punkt die Vorteile der neuen Beschaufelung.
Beim Vergleich der axialen Geschwindigkeitskomponenten fällt zunächst auf, dass die Referenzbeschaufelung im oberen Kanaldrittel deutlich höhere Geschwindigkeiten und damit mehr Massenstrom aufweist. Zum anderen ist in diesem Bereich bei der neuen Beschaufelung nur eine sehr schwache Abhängigkeit von der Spaltweite der stromauf und stromab befindlichen Statoren zu erkennen. Die Ursache liegt wie bereits mehrfach diskutiert an den leicht vergrößerten Radialspaltweiten über allen Rotoren und der verringerten Umverteilung von Massenstrom radial nach außen über den neuen Statoren in Folge der positiven V-Stellung. Im Bereich der inneren 40% der Kanalhöhe sinkt die Geschwindigkeit hingegen teilweise stärker mit wachsender Spaltweite, als dies für die Referenzbeschaufelung vermessen wurde. Analog der Axialgeschwindigkeit ist auch der Abströmwinkel nahe der Nabe abhängig von der Spaltweite, während in der äußeren Kanalhälfte fast keine Abhängigkeit vorliegt. Für diese beiden Strömungsgrößen wird die Verschlechterung der Sensitivität bei großen Spaltweiten in den inneren 10% der Kanalhöhe von den CFD-Simulationen tendenziell ähnlich vorausgesagt. Obwohl die Neuauslegung nach dem dritten Stator bei großen Spaltweiten in diesem Bereich höhere axiale Geschwindigkeitskomponenten aufweist als die Referenz, ist stromab des vierten Rotors das Bild vertauscht. Der neuausgelegte Rotor mit vergrößertem Staffelungswinkel an der Nabe ist folglich weniger gut in der Lage das Geschwindigkeitsdefizit des dritten Stators zu kompensieren als die Referenzbeschaufelung. Dies hat zur Folge, dass der nachfolgende Stator nahe der Nabe mit einem kleineren Zuströmwinkel und damit steigender Inzidenz angeströmt wird. Inwieweit die gestiegene Belastung des Stators zusätzliche Verluste verursacht, wurde experimentell nicht untersucht. In den Simulationen fällt die Verringerung des Strömungswinkels bei großer Radialspaltweite am dritten Stator nur sehr gering aus, so dass keine Auswirkungen am vierten Stator ersichtlich sind. Dieser lokalen Verschlechterung der Sensitivität in den inneren 10% der Kanalhöhe steht eine Verbesserung der Verhältnisse im Bereich 10-40% der Kanalhöhe gegenüber. Neben dem gleichmäßigeren Totaldruck

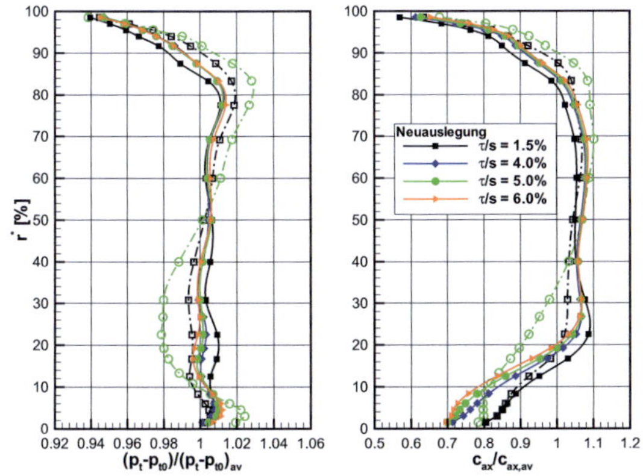

(a) Auslegungspunkt $\xi = 1.00$

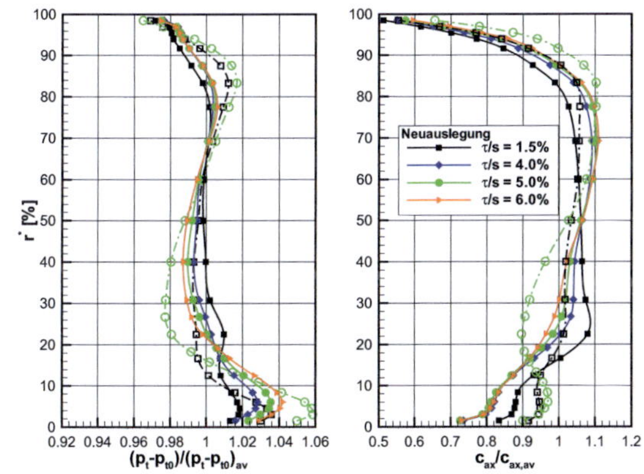

(b) nahe der Stabilitätsgrenze $\xi = 0.85$

Abbildung 5.17: Normierter Totaldruck, normierte Axialgeschwindigkeit und absoluter Strömungswinkel nach dem vierten Rotor bei Variation der Radialspaltweite an Stator 3 und 4 für die optimierte Beschaufelung; teilungsgemittelt

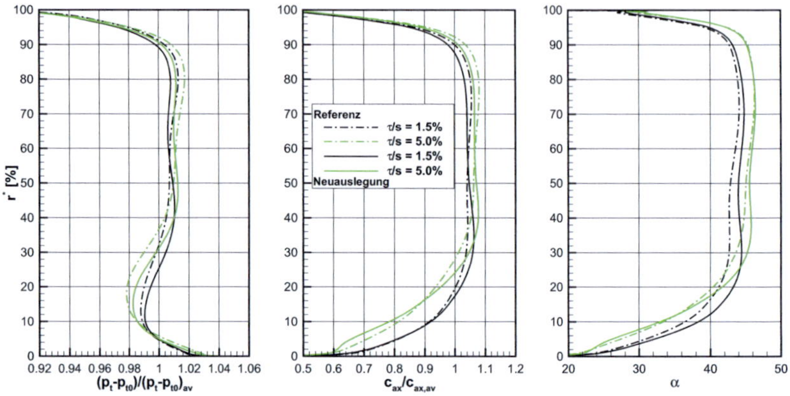

Abbildung 5.18: Teilungsgemittelte CFD-Ergebnisse für normierten Totaldruck, normierte Axialgeschwindigkeit und absoluten Strömungswinkel stromab des vierten Rotors der Neuauslegung bei Variation der Radialspaltweite

sind hier auch die axiale Geschwindigkeitskomponente und der absolute Strömungswinkel gegenüber der Referenz verbessert.

Im Betriebspunkt nahe der Stabilitätsgrenze (Abb. 5.17 (b)) sind die Abhängigkeiten von der Spaltweite größer. Insbesondere das Totaldruckprofil weist an der Nabe deutliche Veränderungen auf, bleibt jedoch insgesamt gleichmäßiger als im Referenzversuch bei großen Spaltweiten. Nahe der Stabilitätsgrenze ist auch in der Axialgeschwindigkeit und in dem Strömungswinkel eine Abhängigkeit über die gesamte Kanalhöhe vorhanden. Mit wachsender Spaltweite kommt es zu einer Massenstromumverteilung nach außen, welche jedoch schwächer ausfällt als bei der Referenzbeschaufelung. Diese Messergebnisse zeigen für beide Betriebspunkte eine wesentliche Verbesserung der Strömungsverhältnisse am vierten Rotor für die Neuauslegung gegenüber der Referenz.

Wie bereits im Rahmen der Auslegung in Abschnitt 5.1 diskutiert wurde, wird eine Verringerung der Verluste über dem Rotor bei großen Radialspaltweiten am Stator aus den verbesserten Strömungsverhältnissen an diesem erwartet. Die numerischen Simulationen der Neuauslegung weisen in Abb. 5.4 für die nominale Stator-Spaltweite ähnliche Verluste auf wie die Referenz, während sich für die große Spaltweite die Verluste im Bereich von 10% bis 40% der Kanalhöhe verringerten. Die Randbereiche des Kanals zeigten keine Veränderungen der Verluste durch die Auslegung. Die auf Basis der Messdaten ermittelten relativen Totaldruckverluste in Abb. 5.19 weisen hingegen signifikant größere Vorteile der Neuauslegung aus, als die Simulationen erwarten ließen. Bereits für die nominale Spaltweite am Stator sind die Verluste in beiden Betriebspunkten über weite Teile des mittleren Kanalbereichs deutlich reduziert. Ein Zusammenhang dieser Verbesserung zu einer Änderung der Anströmung des Rotors lässt sich aus den teilungsgemittelten Messdaten, insbesondere dem relativen Strömungswinkel β stromab des dritten Stators (nicht dargestellt), nicht erkennen. Es wird daher vermutet, dass die Verbesserung aus der deutlich gleichmäßigeren Abströmung aus dem Stator folgt. Diese wiederum kann infolge der Verwendung von Mischungsebenen als Rotor-Stator-Schnittstellen in den stationären Simulationen nicht wiedergegeben werden. Eine Überprüfung dieser Vermutung durch geeignete numerische Methoden folgt am Ende dieses Abschnitts. Neben der Reduzierung des Verlustniveaus über weite Teile des Kanals ist in den Messdaten auch eine geringere Empfindlichkeit der Verluste über dem vierten

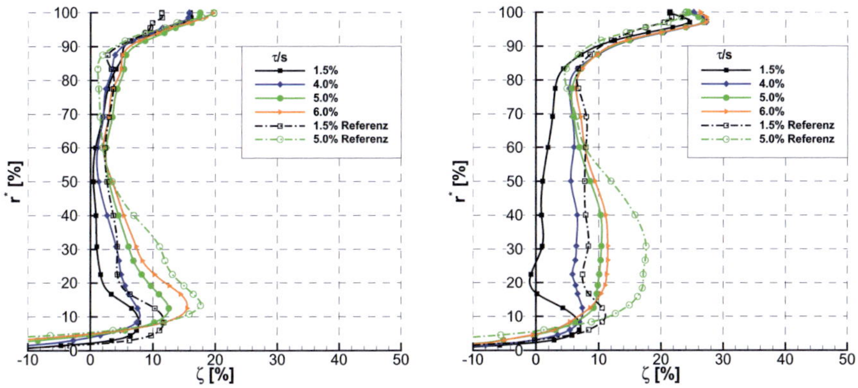

(a) Auslegungspunkt $\xi = 1.00$ (b) nahe der Stabilitätsgrenze $\xi = 0.85$

Abbildung 5.19: Radiale Verteilung des relativen Totaldruckverlustes über dem vierten Rotor bei Variation der Radialspalte an Stator 3 und 4 für die neuausgelegte Beschaufelung

Rotor bezüglich der Spaltweiten am Stator festzustellen. Im Bereich von 20-30% der Kanalhöhe fällt die Vergrößerung der Verluste an der Neuauslegung bei Anstieg der Statorspaltweite von $\tau/s = 1.5\%$ auf 5.0% um $\Delta\zeta \approx 2\%$ geringer aus als für die Referenzbeschaufelung. Die numerische Simulation der Auslegung (Abb. 5.4) gibt eine Verbesserung in ähnlicher Größenordnung wieder. Dies entspricht einer lokalen Verbesserung der Sensitivität um ca. 20%. Eine stark reduzierte radiale Umverteilung von Massenstrom, wie sie im Stator bereits diskutiert wurde, kann auch im Rotor beobachtet werden. Sie zeigt sich bei den experimentell ermittelten Verlusten, insbesondere im Bereich von 70% bis 90% der Kanalhöhe, für beide Betriebspunkte. In diesem Bereich kommt es nicht zu einer Reduzierung der Verluste wie bei der Referenzbeschaufelung. Für den Betriebspunkt nahe der Stabilitätsgrenze (Abb. 5.19 (b)) vergrößern sich die Verluste sogar. Die insgesamt leicht erhöhten Verluste im gehäusenahen Bereich sind dem leicht vergrößerten Radialspaltwirbel geschuldet.

Der Einfluss der Mischungsebenen auf die Berechnung der Verluste soll durch Simulationen auf Grundlage der Methode der Nicht-Linear-Harmonischen (NLH) untersucht werden, um obige Vermutung zu unterstützen. Die Grundlagen der Methode und die verwendeten Simulationsmodelle sind in Abschnitt 3.2.5 erläutert. Das Teilmodell, bestehend aus Stator 2, Rotor 3, Stator 3 und Rotor 4, bietet die Möglichkeit, den vierten Rotor unter Einfluss des stromauf befindlichen dritten Stators bei unterschiedlichen Spaltweiten zu analysieren, als auch den dritten Rotor stromab eines Stators mit $\tau/s = 4.0\%$ Radialspalt und unter Einfluss der Potentialwirkung des dritten Stators zu untersuchen. Im Rahmen dieser Arbeit soll durch nur einen zu berechnenden Testfall das Potential der Methode abgeschätzt werden. Dazu wurde die Berechnung des Aufbaus mit großem Radialspalt am dritten Stator ($\tau/s = 5.0\%$) ausgewählt. In Abb. 5.20 sind die Simulationsergebnisse mit der NLH-Methode für die beiden Rotoren des Modells gezeigt. Zum besseren Vergleich sind die Ergebnisse der stationären Simulationen als dünnere Linien mit dargestellt. Die NLH-Berechnungen zeigen nur bedingt eine Verbesserung der Vorhersage. Für den vierten Rotor stromab des Stators mit großer Radialspaltweite von $\tau/s = 5.0\%$ (Abb. 5.20 (b)) weist diese Simulation geringere maximale Verluste bei beiden Geometrien auf als die stationäre Berechnung. Die Auswirkung eines solchen Spaltes am Stator wird damit noch mehr unterschätzt als in der stationären Berechnung. Auf der anderen Seite wächst für die NLH-

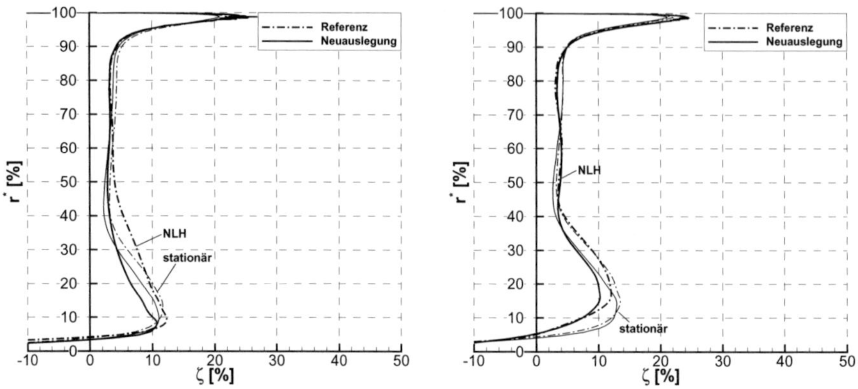

(a) Rotor 3 ($\tau/s = 4.0\%$) (b) Rotor 4 ($\tau/s = 5.0\%$)

Abbildung 5.20: Radiale Verteilung des relativen Totaldruckverlustes für Simulationen mit der NLH-Methode und stationäre Simulationen der neuausgelegten Beschaufelung und der Referenz

Simulation der Bereich um 20% der Kanalhöhe, in dem eine Verringerung der Verluste für die neue Beschaufelung festzustellen ist. Das heißt, die Simulation auf Basis der NLH-Methode unterschätzt zwar den maximalen Verlust, verbessert jedoch die Vorhersagegenauigkeit der Unterschiede zwischen den beiden Auslegungen. Um eine weitere Spaltweite eines stromauf liegenden Stators dem Vergleich zuzuführen, wurde der dritte Rotor ausgewertet. In Abb. 5.20 (a) ist eine deutliche Verbesserung der Verluste für die Neuauslegung erkennbar, wobei die Verteilung sich im Vergleich zur stationären Simulation nicht grundlegend verändert hat. Die Verbesserung der Verluste für Rotor 3 (stromab eines Stators mit $\tau/s = 4.0\%$ Radialspalt) und Rotor 4 bei großem Radialspalt am dritten Stator ($\tau/s = 5.0\%$) geben die am vierten Rotor gemessenen Verbesserungen der neuausgelegten Beschaufelung gut wieder. Es lässt sich somit schlussfolgern, dass die Rotor-Stator-Interaktion entscheidend für die Verluste am Rotor ist.

Zusammenfassend lässt sich feststellen, dass die Strömung am vierten Rotor der Neuauslegung wesentlich weniger sensitiv gegenüber großen Radialspaltweiten am dritten Stator ist als für die Referenzbeschaufelung. Sowohl Messung als auch Simulation zeigen eine verringerte Sensitivität der relativen Totaldruckverluste. Die Simulation auf Basis der NLH-Methode berücksichtigt die Rotor-Stator-Interaktion und bestätigt durch die stärkere Verminderung der Verluste bei der Neuauslegung im Vergleich zu stationären Simulationen den Einfluss der Schaufelreihen-Interaktion auf die Verlustentwicklung.

5.4 Bewertung der neuen Auslegung für Statoren mit großem Radialspalt

In den letzten Abschnitten wurde die Auslegung einer Beschaufelung vorgestellt, die geeignet ist die Sensitivität der Strömung gegenüber großen Radialspaltweiten an den Statoren zu reduzieren. Über die Variation der radialen Verteilung des Reaktionsgrades mit einer Erhöhung der Reaktion an der Nabe, gekoppelt mit der beschriebenen positiven V-Stellung im inneren Drittel des Stators, konnte das Auslegungsziel erreicht werden.
Die Kennlinienmessungen zeigen eine deutliche Reduzierung der Sensitivität des Druckverhältnisses gegenüber der Variation der Stator-Radialspaltweite und eine leichte Verminderung des Wirkungsgraddefizits im Bereich der Messgenauigkeit bei Spaltweitenvergrößerung für die Neuauslegung.
Die Fünflochsondenmessungen quantifizieren die Verbesserungen aufgrund der neuen Beschaufelung. Die Minderumlenkung der Statoren im Bereich des Radialspaltwirbels an der Nabe ist für große Spaltweiten signifikant reduziert, gleiches gilt für die Blockage. Für die nominale Spaltweite wurden darüber hinaus auch Verbesserungen im Betriebspunkt nahe der Stabilitätsgrenze erzielt. Ebenso weisen die Totaldruckverteilung und die damit verbundenen Verluste über dem Stator eine geringere Sensitivität gegenüber der Spaltweite auf. Für ähnliche Totaldruckverteilungen bzw. Verluste toleriert die Neuauslegung um ca. 1% der Kanalhöhe gestiegene Spaltweiten, dies entspricht einer Verminderung der Sensitivität um 30-40%. Die abgeschwächte Beeinflussung von axialer Geschwindigkeitskomponente und absolutem Strömungswinkel, sowie die gleichmäßigere Totaldruckverteilung am dritten Stator wirken sich positiv auf den stromab laufenden Rotor aus. Für diesen wurde ein reduziertes Verlustniveau ermittelt und eine geringere Sensitivität bezüglich der Spaltweiten am Stator.
Als verantwortliche Mechanismen konnten die V-Stellung und eine Veränderung der Profildruckverteilung identifiziert werden. Die statische Druckverteilung auf dem dritten Stator nahe dem Radialspalt ist entscheidend für die Ausbildung des Radialspaltwirbels. Für die Neuauslegung ist die Differenz des statischen Druckes auf Druck- und Saugseite im vorderen Teil der Sehne angestiegen. Dadurch bildet sich der Radialspaltwirbel bereits näher an der Vorderkante aus. Über weite Teile der Sehne ist hingegen eine Verringerung der Druckdifferenz feststellbar. Dies führt zu verminderter Leckage in diesem Bereich und damit verbunden zu einer geringeren Ausdehnung des Radialspaltwirbels. Bedingt durch die V-Stellung werden im hinteren Teil der Passage radial nach innen gerichtete Geschwindigkeiten induziert, welche die radiale Ausdehnung des Radialspaltwirbels verringern und dessen Blockage weiter reduzieren. Dadurch weist die Neuauslegung an der Hinterkante und stromab der Schaufel eine niedrigere Blockage auf als die Referenzbeschaufelung.
Die Auslegung hat somit in der inneren Kanalhälfte ihr Ziel erreicht. Jedoch folgt daraus eine verminderte radiale Umverteilung von Massenstrom über dem Stator nach außen, wodurch die Verluste in der äußeren Kanalhälfte leicht ansteigen. Primär vergrößert sich die saugseitige Eckenablösung am Gehäuse in Folge des Geschwindigkeitsdefizits. Der stromab folgende Rotor weist dadurch im äußeren Kanaldrittel eine gestiegene Blockage und einen reduzierten, absoluten Strömungswinkel am Austritt auf. Da die numerischen Simulationen die radiale Umverteilung nur eingeschränkt wiedergeben, ist eine Berücksichtigung dieser Effekte in der Auslegung nicht erfolgt. Darüber hinaus wurde bewusst auf jegliche Veränderungen der Geometrie in der äußeren Hälfte des Strömungskanals verzichtet, um den Einfluss der Designmodifikationen separat untersuchen zu können. Bei der Übertragung der Erkenntnisse in einen realen Hochdruckverdichter sollten daher auch geeignete Maßnahmen in der äußeren Kanalhälfte getroffen werden, um einer Steigerung der Verluste in diesem Bereich entgegenzuwirken.
Die Auswirkungen dieser Verbesserungen im Strömungsfeld des dritten Stators auf den vierten Rotor zeigen sich in niedrigeren Verlusten und verringerter Sensitivität. Insbesondere die Totaldruckverteilung ist stromab des vierten Rotors wesentlich gleichmäßiger und weniger beeinflusst von der Spaltweite

am Stator als für die Referenz. Lediglich an der Nabe in den inneren 10% der Kanalhöhe ist eine gesteigerte Sensitivität des absoluten Strömungswinkels und der axialen Strömungsgeschwindigkeitskomponente ersichtlich. Diese lokale Verschlechterung ist beim nachfolgenden Stator zu berücksichtigen, konnte aber im Rahmen dieser Arbeit nicht untersucht werden.

Im vorliegenden Testfall ist der Rotor, wie in den Referenzmessungen ersichtlich, primär der vierte Rotor, für die Begrenzung des Betriebsbereichs verantwortlich. Während für die Referenzbeschaufelung eine deutliche Erweiterung des Betriebsbereichs zu niedrigeren Massenströmen bei steigender Spaltweite am Stator beobachtet wurde, ist für die Neuauslegung nur eine minimale Beeinflussung ersichtlich. Die Verringerung der radialen Umverteilung, infolge der geringeren Blockage durch den Radialspaltwirbel am dritten Stator für große Spaltweiten, vermindert die Entlastung des vierten Rotors im Blattspitzenbereich. Die in der Neuauslegung beobachtete Verschiebung des Radialspaltwirbels am Stator näher zur Vorderkante führt hier nicht zu einer Begrenzung des stabilen Betriebs. Bei der Übertragung der Geometrievariation auf andere Statordesigns ist jedoch zu berücksichtigen, dass eine Verschiebung des Radialspaltwirbels näher zur Vorderkante auch zu einer früheren Initiierung von rotierender Ablösung durch den Radialspaltwirbel am Stator führen kann. Da die Fünflochsondenmessungen an beiden Beschaufelungen der aktuellen Untersuchung bei kleinen Spaltweiten am Stator den Radialspaltwirbel in Form eines Totaldruckminimums stromab des Stators visualisieren, ist für diesen Fall nicht mit Betriebsbereichs-begrenzenden Phänomenen zu rechnen.

Die numerischen Simulationen der Auslegung bzw. Nachrechnungen der Messaufbauten geben, unter Berücksichtigung der Abweichungen, die bereits für die Referenzbeschaufelung festgestellt worden, die Veränderungen durch das neue Design der Schaufeln zufriedenstellend wieder. Insbesondere die qualitativen Änderungen in der Totaldruckverteilung über eine Statorteilung stromab des dritten Stators und die damit verbundene reduzierte Blockage werden gut vorhergesagt. Für die Totaldruckverluste über dem Stator sind die maximalen Verluste zu stark reduziert. Den Anstieg der Profilverluste im Bereich der positiven V-Stellung gibt die Simulation wieder, er fällt jedoch bei großen Spaltweiten zu klein aus, wodurch die Verbesserung in den Simulationen überschätzt wird. Problematisch erweist sich die Vorhersage der Auswirkungen auf den nachfolgenden Rotor im Rahmen von stationären Simulationen. Nur für die große Spaltweite prognostiziert die Simulation eine Verringerung der Verluste bei Verwendung der Neuauslegung. Die Messungen hingegen verdeutlichen eine Verminderung der Verluste auch für die kleinen Spaltweiten, gekoppelt mit einer leichten Reduzierung der Sensitivität. Die Verwendung von numerischen Methoden, welche die Rotor-Stator-Interaktion berücksichtigen können, ermöglicht eine Verbesserung der Vorhersage der Auswirkungen des Designs des dritten Stators auf den vierten Rotor. Dies konnte durch Anwendung der Methode der Nicht-Linear-Harmonischen (NLH) für den Vergleich von Neuauslegung und Referenz angedeutet werden. Das Potential derartiger Methoden, die zwar einen höheren Rechenaufwand als stationäre Rechnungen verursachen, aber kostengünstiger als instationäre Berechnungen sind, wächst mit der kontinuierlich steigenden Leistung und Verfügbarkeit entsprechender Rechentechnik.

6 Zusammenfassung

Statoren in Axialverdichtern können mit oder ohne Deckband ausgeführt werden. Die Entscheidung für eine Bauart, welche auch durch mechanische und schwingungstechnische Eigenschaften beeinflusst wird, bestimmt entscheidend die Ausbildung unterschiedlicher Sekundärströmungen. Für mehrstufige Axialverdichter mit hohem Gesamtdruckverhältnis ist aufgrund von thermisch transienten Vorgängen bei unterschiedlichen Betriebszuständen des Verdichters mit großen Spaltweiten im Verhältnis zu den Schaufeldimensionen in den hinteren Stufen zu rechnen. Das Auftreten von derartigen großen relativen Spaltweiten im Deckband oder in Form des Radialspaltes hat unterschiedliche Auswirkungen auf das Strömungsverhalten der Stufen.

Im Rahmen eines Referenzversuches sind daher beide Bauformen auf Basis derselben Beschaufelung vergleichend am Niedergeschwindigkeitsverdichter der Technischen Universität Dresden vermessen worden. Für diese Versuche wurde die Erstbeschaufelung aus dem Jahr 1995 verwendet. Diese gut dokumentierte Beschaufelung sollte einen Vergleich der zwei Bauformen unter Bedingungen einer hinteren Verdichterstufe ermöglichen. Um dafür repräsentative Zuströmbedingungen zu schaffen, wurde die dritte Stufe als Versuchsobjekt ausgewählt und in den ersten beiden Stufen die Radialspaltweite der Statoren auf 4.0% der Kanalhöhe erhöht. Diese Modifikation erzielte eine nabenseitige Blockage in der Zuströmung zum dritten Stator, wie sie für die Untersuchung erwünscht war. Für die Bauform mit Radialspalt zur Nabe konnten vier verschiedene Spaltweiten über dem dritten und vierten Stator zwischen 1.5% und 5.0% der Kanalhöhe strömungsmechanisch vermessen werden. Zum Vergleich wurde der dritte Stator mit einem Deckband versehen und unter diesem drei verschiedene Dichtspaltweiten zwischen 1.0% und 3.3% der Kanalhöhe eingestellt. Die durchgeführten Messungen umfassen Drehzahllinien, Strömungsfeldmessungen mittels Fünflochsonde und statische Druckmessungen am Stator für ausgewählte Betriebspunkte bei Auslegungsdrehzahl.

Für beide Designvarianten konnte so die Sensitivität der Strömung bezüglich der Spaltweiten ermittelt werden. Dabei wurde ein differenziertes Verhalten für unterschiedliche Strömungsgrößen festgestellt. Die Totaldruckverluste über dem dritten Stator steigen für die hier untersuchten hohen rezirkulierenden Massenströme im Deckband stärker an als bei Vergrößerung der Radialspaltweite im untersuchten Bereich. Gleichzeitig zeigen sich jedoch der absolute Strömungswinkel und die axiale Geschwindigkeitskomponente nur geringfügig beeinflusst, wenn am Stator mit Deckband die Spaltweite vergrößert wird. Daraus folgt auch eine geringere Variation der Totaldruckverluste des stromab laufenden vierten Rotors für diese Bauart. Für Statoren mit Radialspalt hängen die Verluste sowohl am Stator selbst als auch am nachfolgenden Rotor stark von der Radialspaltweite τ des Stators ab. Im Vergleich lässt sich daher feststellen, dass bei Verwendung von Statoren mit Deckband der nachfolgende Rotor weniger sensitiv auf die Spaltweite im Deckband ist. Für den getesteten Fall gilt diese Erkenntnis bis zu einem rezirkulierenden Massenstrom von ca. 1.5% des Hauptmassenstroms. Für die größte gemessene Spaltweite von $\tau/s = 3.3\%$ führt die stark angewachsene Ablösung am dritten Stator zu einem erheblichen Verlustanstieg auch im vierten Rotor.

Eine allgemein gültige Aussage bezüglich der Vor- und Nachteile der beiden Bauarten ist auf Basis dieser Daten und anderer Veröffentlichungen nur bedingt möglich. Ein Vergleich der beiden Bauarten auf Basis der Spaltweite oder Spaltfläche, wie von Freeman [18] gewählt, setzt eine bekannte und

realistische Geometrie der Deckbandkavität voraus. Die hier vorgestellten Daten für Statoren mit Deckband repräsentieren Massenströme in der Kavität von 0.8% bis 2.3% des Hauptmassenstroms. Eine Übertragung der Erkenntnisse muss für andere Dichtspaltkonfigurationen daher über die rezirkulierenden Massenströme im Verhältnis zum Hauptmassenstrom erfolgen.
Die für Statoren mit Radialspalt ersichtlichen starken Abhängigkeiten von der Spaltweite wurden in einer neuen Schaufelauslegung verringert. Dazu wurde der Reaktionsgrad der Stufen lokal an der Nabe erhöht und der Stator durch eine Modifikation der Fädelungslinie der Profile dreidimensional gestaltet. Die Änderung des Reaktionsgrades wird durch eine Umstaffelung der Rotoren und Statoren an der Nabe realisiert, asymptotisch auslaufend in der Kanalmitte. Der Stator wurde darüber hinaus im Bereich von ca. 30% Kanalhöhe mit einer positiven V-Stellung versehen.
Durch diese Modifikationen ist es gelungen, die Sensitivität von Totaldruck, axialer Geschwindigkeitskomponente und absolutem Strömungswinkel nahe der Nabe deutlich zu verkleinern. Die Neuauslegung toleriert so um mehr als 1% größere Spaltweiten für ähnliche Auswirkungen auf die genannten Strömungsgrößen. Als Folge dieser Verbesserung vermindern sich auch die maximalen Verluste in Nabennähe für den neuen Stator. Dies wird jedoch teilweise kompensiert durch höhere Profilverluste im Bereich der V-Stellung. Neben diesen Verbesserungen am Stator selbst, konnte auch eine deutliche Verbesserung der Strömungsverhältnisse und Sensitivitäten am nachfolgenden Rotor nachgewiesen werden. Insbesondere die relativen Totaldruckverluste über dem Rotor sind über weite Teile der Kanalhöhe reduziert.
Wesentlich für die Verbesserungen am Stator sind die reduzierte Profildruckdifferenz durch den modifizierten Reaktionsgrad und die durch die V-Stellung im hinteren Bereich der Beschaufelung induzierten radial nach innen gerichteten Geschwindigkeiten. Diese reduzieren die radiale Ausdehnung des Radialspaltwirbels und damit die dadurch verursachte Blockage, was zu einer Verringerung der Umverteilung von Massenstrom radial nach außen führt. Bei der aktuellen Beschaufelung vergrößert sich infolgedessen die Eckenablösung am Gehäuse. Gleichzeitig ist jedoch auch eine deutlich gleichmäßigere Verteilung des Totaldruckes über der Kanalhöhe zu beobachten. Welche gemeinsam mit der verringerten Blockage des Radialspaltwirbels als ursächlich für die geringeren Verluste im nachfolgenden Rotor betrachtet wird.
Der erfolgreiche Nachweis der Beeinflussung des Radialspaltwirbels am Stator ohne Deckband im Niedergeschwindigkeitsversuch ist in zukünftigen Schritten numerisch auf die hinteren Stufen eines Hochdruckverdichters zu übertragen und experimentell zu validieren. Weitere Schritte stellen die Beeinflussung des Rotorradialspaltwirbels und die Kombination von verbesserten Statoren mit Radialspalt mit entsprechend modifizierten Rotoren dar. Eine direkte Übertragung der Geometrievariationen auf den Rotor ist aus mehreren Gründen nicht möglich. Um den Radialspaltwirbel am Rotor zu entlasten, müsste der Reaktionsgrad im Rotorspitzenbereich verringert werden. Dies ist nur bedingt möglich und würde zu einer stärkeren Belastung des Stators im äußeren Kanalbereich führen. Ebenso ist bei einer ähnlich der hier vorgestellten V-Stellung ausgeführten Rotorschaufel auf die durch Fliehkräfte induzierten Momente Rücksicht zu nehmen, so dass eine derartig geformte Rotorschaufel aus Festigkeitsgründen nur schwer zu realisieren ist. Über die hier verwendeten Methoden der Variation des Staffelungswinkels und damit der Belastungsverteilung und der Profil-Fädelungslinie hinaus bestehen weitere Möglichkeiten der Beeinflussung des Radialspaltwirbels vor allem durch Maßnahmen der aktiven oder passiven Strömungsbeeinflussung, zum Beispiel durch Nuten im Gehäuse oder Einblasung im Rotorspitzenbereich. Diese Möglichkeiten sind bisher primär zur Verbesserung des Betriebsverhaltens eingesetzt worden, besitzen aber auch Potential zur Verminderung der Verluste bei großen Radialspaltweiten.

A Anhang

A.1 Eigenschaften des CFD-Netzes

Im Folgenden wird ein Überblick über die verwendeten Rechennetze im Rahmen der CFD-Simulationen gegeben. Die Diskretisierung des Rechengebiets erfolgte mit dem Numeca spezifischem Vernetzer AutoGrid5^{TM}. Basierend auf der Gitterstudie (siehe Abschnitt 3.2) wurde Netz 3 für alle weiteren Simulationen ausgewählt. Tabelle A.1 listet die Anzahl an Knoten in den einzelnen Schaufelpassagen und die Anzahl der Zellen in radialer Richtung. Des Weiteren sind der minimale Zellwinkel und das maximale Expansionsverhältnis als Qualitätsmerkmale des Netzes dokumentiert.

Tabelle A.1: Eigenschaften des CFD-Netzes

Passage	**Anzahl Knoten**	**Zellen in radialer Richtung**	**Minimaler Zellwinkel**	**Maximales Expansions-verhältnis**
Vorleitgitter	1'476'442	121	50.56	1.51
Rotor	1'339'107	121	40.39	1.77
Stator	1'749'803	121	53.75	1.74
gesamt	4'565'352	121	40.39	1.77

Die Verteilung der Konten auf der Meridianstromfläche und eine beispielhafte Darstellung des resultierenden Gitters im Mittelschnitt sind in Abb. A.1 und A.2 ersichtlich.

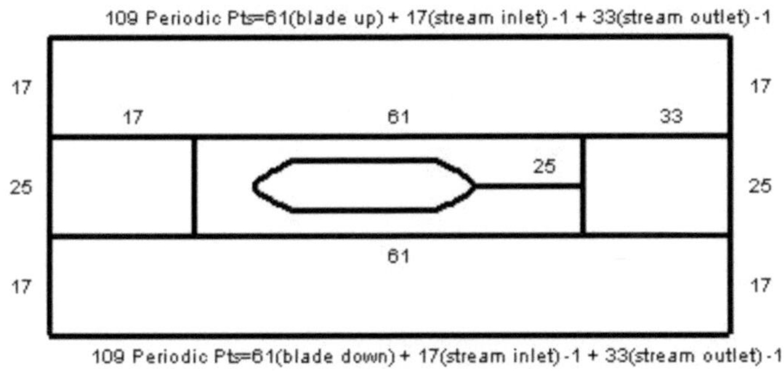

(a) Vorleitgitter

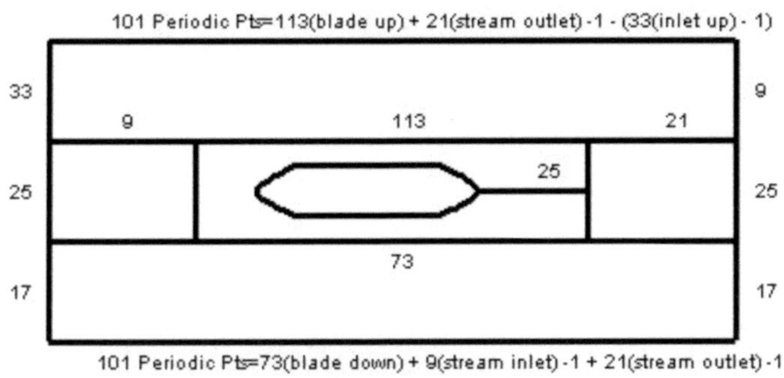

(b) Rotor

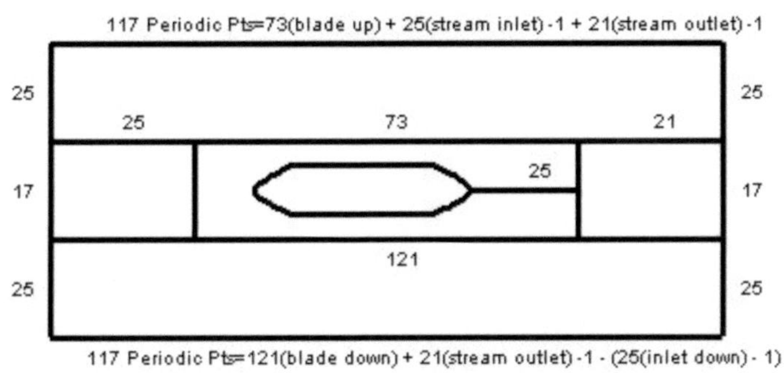

(c) Stator

Abbildung A.1: Einstellung der Knotenanzahl auf Meridianstromfläche

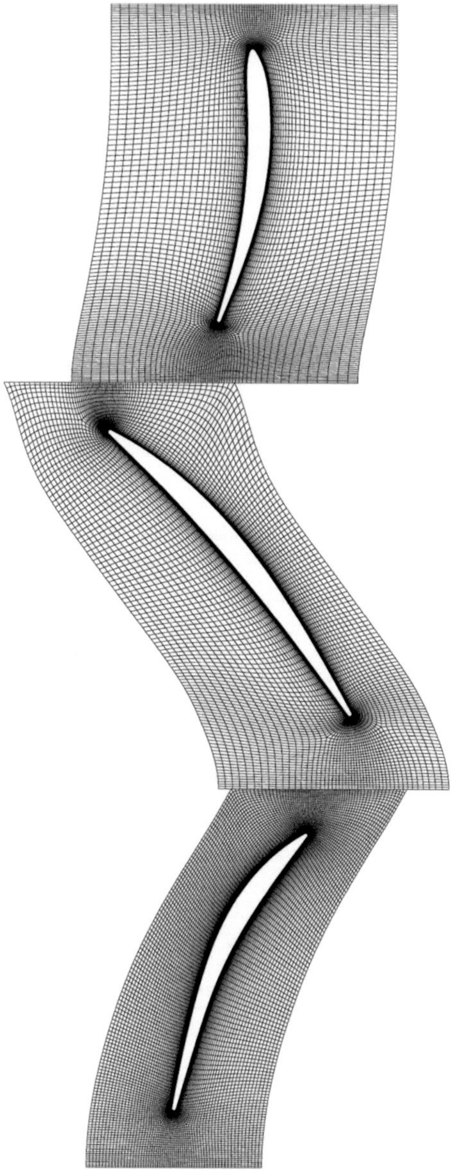

Abbildung A.2: CFD-Netz entlang Meridianstromfläche im Mittelschnitt

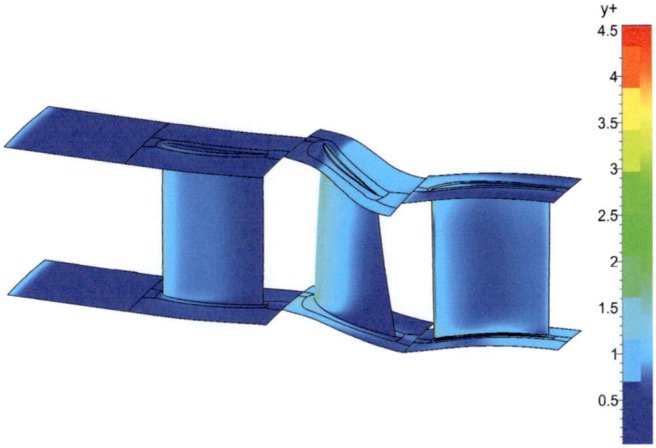

Abbildung A.3: y^+-Werte der wandnahen Zelle

Die Verwendung des Spalart-Allmaras-Turbulenzmodells erfordert eine hinreichende Auflösung der Wandgrenzschichten. Der normierte Wandabstand y^+ sollte daher über weite Teile des Netzes im Bereich von 1 bis 2 liegen. Maximale Werte dürfen 5 bis 10 nicht überschreiten, da die viskose Unterschicht bis zu diesen Werten reicht. Für das verwendete Netz ist ein maximaler y^+-Wert von 4.55 erreicht. Dieser liegt deutlich unter den maximal möglichen Werten. In Abb. A.3 ist die Verteilung der y^+-Werte der ersten Zelle von der Wand für das Modell der Gitterstudie gezeigt.

A.2 CFD-Netze für Stator 3 mit Deckband

Die reale Geometrie der Kavität wurde, wie in Abschnitt 3.2.3 beschrieben, für die Simulation leicht modifiziert. Insbesondere wurde der Kavitätseintritt verkürzt und vor Rotor 4 eine zusätzliche Plattform erzeugt. Im Vergleich mit Abb. 2.4 ist in Abb. A.4 die modellierte Geometrie ersichtlich. Die gestrichelte rote Linie symbolisiert die wesentliche Veränderung. Des Weiteren mussten die Rotor-Stator-Schnittstellen entsprechend verschoben werden.

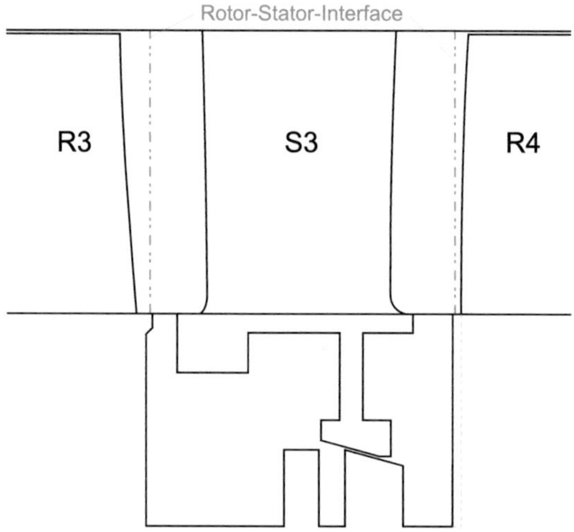

Abbildung A.4: Angepasste Geometrie der Kavität bei Simulation von Stator 3 mit Deckband

Für die mehrstufige Simulation von Stator 3 mit Deckband verkürzen sich durch die veränderte Lage der Rotor-Stator-Schnittstellen die Abströmstrecke von Rotor 3 und die Zuströmstrecke von Rotor 4. Die dafür angepassten Gitterpunktverteilungen sind im Folgenden dargestellt.

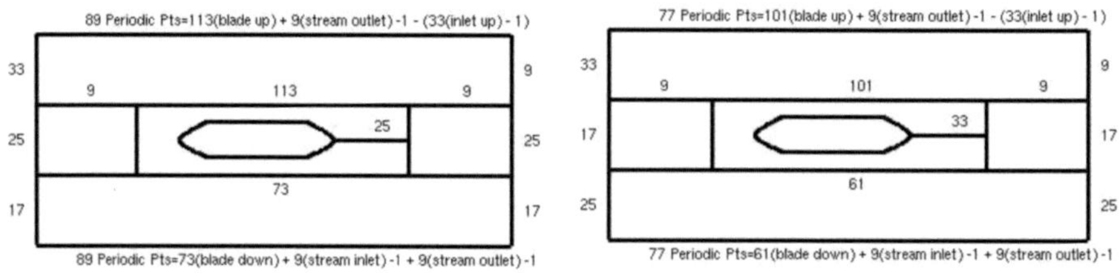

(a) Rotor 3 (b) Rotor 4

Abbildung A.5: Angepasste Einstellung der Knotenanzahl auf Meridianstromfläche für Rotor 3 und 4 bei Simulation von Stator 3 mit Deckband

Die Vernetzung der Kavität als umfangssymmetrischer Effekt erfolgte direkt in AutoGrid5™. Die Netze der drei simulierten und vermessenen Kavitäten sind in Abb. A.6 veranschaulicht.

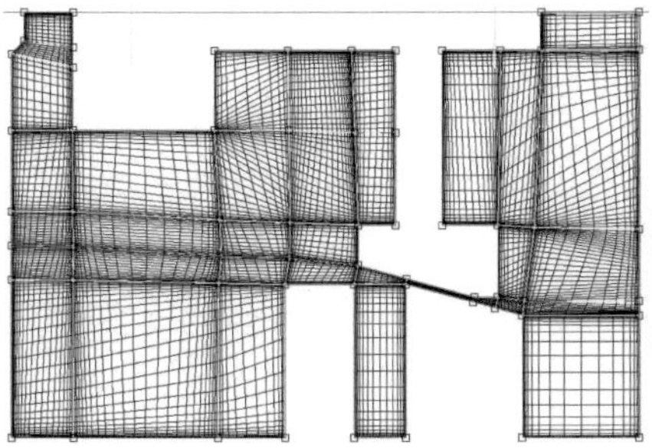

(a) $\tau/s = 1.0\%$

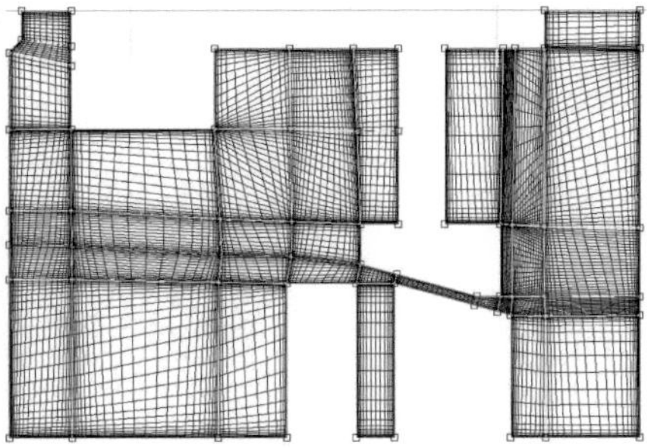

(b) $\tau/s = 1.6\%$

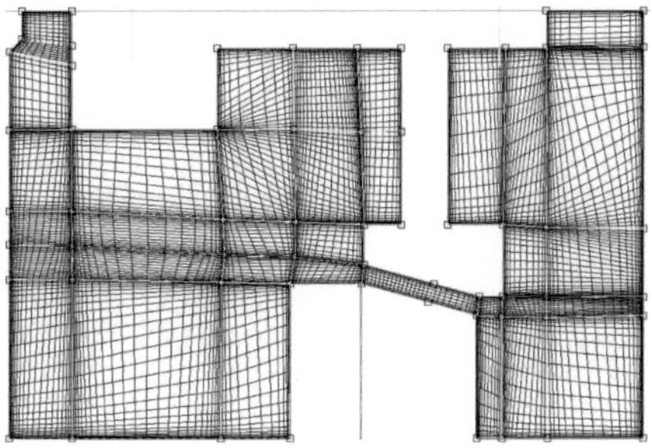

(c) $\tau/s = 3.3\%$

Abbildung A.6: Kavitätsnetz für verschiedene Dichtspaltweiten

A.3 Einfluss des Fillets am dritten Stator mit Deckband

Im Rahmen von zusätzlichen Messungen wurde der Einfluss des Fillets am dritten Stator auf die Verluste untersucht. Dazu wurde nach Abschluss der vorangegangenen Messkampagnen der Verdichteraufbau 20-06 modifiziert, in dem der dritte Stator durch den Stator mit Innendeckband aus Aufbau 17 ersetzt wurde. Die Fillets an diesen Schaufeln besitzen einen Radius von 8.0mm (8.9% der Sehne). Innerhalb dieses Statorrings wurden drei Statorschaufeln ohne Fillet verbaut. Somit ist eine vergleichende Messung von Statoren mit und ohne Fillet an der Nabe möglich. Der Dichtungsspalt im Innendeckband wurde auf 1.0mm eingestellt. Da die Zuströmung zum dritten Stator nicht der in Aufbau 17 entspricht, ist kein direkter Vergleich mit Messungen aus Kapitel 4.2.2 möglich.

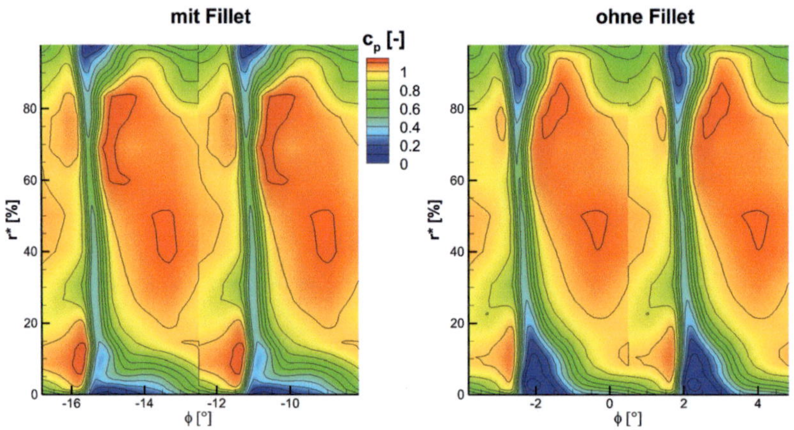

(a) Auslegungspunkt $\xi = 1.00$

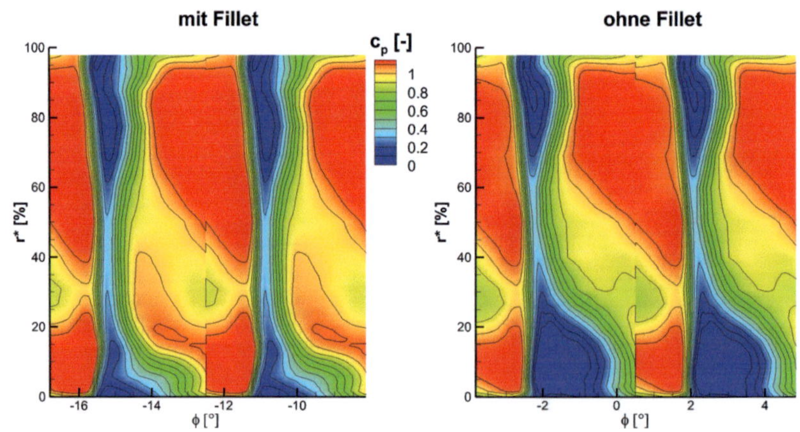

(b) Nahe Abriss $\xi = 0.85$

Abbildung A.7: Normierter Totaldruck c_p nach dem dritten Stator mit und ohne Fillet an der Nabe

Die Abströmung wurde über je eine Teilung mit und ohne Fillet in den zwei Betriebspunkten Auslegungspunkt $\xi = 1.00$ und nahe der Stabilitätsgrenze $\xi = 0.85$ vermessen. Der normierte Totaldruck c_p ist für die beiden Betriebspunkte in Abb. A.7 dargestellt. Dabei wurde eine Auftragung in Zylinderkoordinaten gewählt. Die Messungen sind analog der vorangegangenen Darstellungen in Umfangsrichtung dupliziert, wodurch es zu kleinen Unstetigkeiten kommt. Für beide Betriebspunkte ist an der Nabe ein deutlich kleineres Totaldruckminimum für den Fall mit Fillet zu erkennen. Dabei erstreckt sich ein Gebiet niedrigen Totaldruckes von der Saugseite Richtung Kanalmitte an der Nabe und saugseitig radial nach innen. Dieses Totaldruckminimum ist im Betriebspunkt nahe der Stabilitätsgrenze stärker ausgeprägt. Während stromab der Statoren mit Fillet somit ein etwa L-förmiges Druckminimum zu beobachten ist, wird stromab der Statoren ohne Fillet ein typisches dreieckiges Totaldruckminimum für den Auslegungspunkt vermessen. Eine derartige Struktur entspricht den in der Literatur häufig zu findenden Strömungsverhältnissen stromab von fest mit der Seitenwand verbunden Schaufelenden. Bedingt durch die Sekundärströmung kommt es zu einer Ansammlung energiearmen Fluids in der saugseitigen Ecke zur Seitenwand. Richtung Stabilitätsgrenze wächst dieses Druckminimum stark an und bedeckt dann etwa die Hälfte der Teilung und ein Viertel der Kanalhöhe. Das sehr stark ausgeprägte Totaldruckminimum lässt vermuten, dass eine saugseitige Eckenablösung im Sinne der Definition von 'hub-corner stall' nach Lei *et al.* [51] vorliegt. Diese Definition wird verwendet, wenn sowohl auf der Saugseite als auch der Nabe signifikante Rückströmungen und dadurch bedingte Ablenkung der Stromlinien erfolgt. Der Vergleich von Statoren mit und ohne Fillet an der Nabe zeigt, dass der Fillet die Ansammlung von niedrigenergetischem Fluid in der Ecke zwischen Saugseite und Seitenwand reduziert und möglicherweise auch die Neigung zur Ablösung der Strömung verringert.

Am Gehäuse sind die beiden vermessenen Schaufeln prinzipiell baugleich ohne Fillet ausgeführt, dennoch sind bereits im Auslegungspunkt Unterschiede in der Totaldruckverteilung ersichtlich, welche nicht durch die Veränderungen an der Nabe zu begründen sind. Als mögliche Ursache der Unterschiede zwischen den beiden vermessenen Schaufeln könnten unterschiedlich große Teilspalte zwischen Schaufel und Gehäuse gelten. Derartige Teilspalte sind notwendig, um das Verschieben der Statorschaufeln in Umfangsrichtung gegenüber der feststehenden Strömungssonden zu gewährleisten. Der Stator mit Fillet an der Nabe weist mit 0.25mm Spalt einen etwas größeren Teilspalt auf als der Stator ohne Fillet mit 0.1mm im Bereich der Vorderkante. Nahe der Hinterkante sind die Teilspalte mit 0.5mm identisch. Inwieweit diese Teilspalte sich auf das Strömungsfeld auswirken, kann hier nicht abschließend beurteilt werden. Im Betriebspunkt nahe der Stabilitätsgrenze lassen sich die unterschiedlich großen

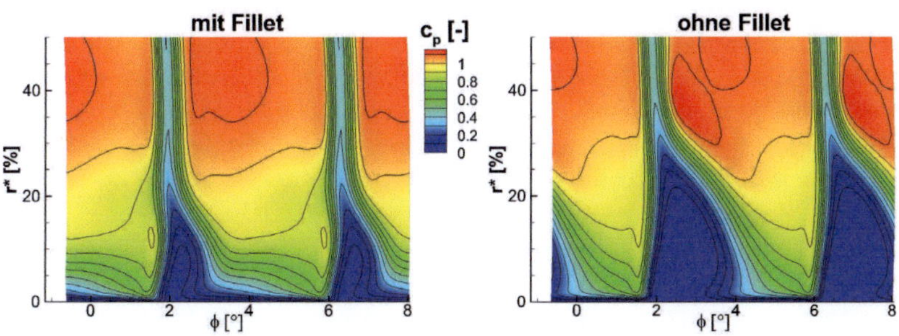

Abbildung A.8: Normierter Totaldruck c_p nach dem dritten Stator mit und ohne Fillet an der Nabe für die CFD-Simulation des Auslegungspunktes $\xi = 1.00$

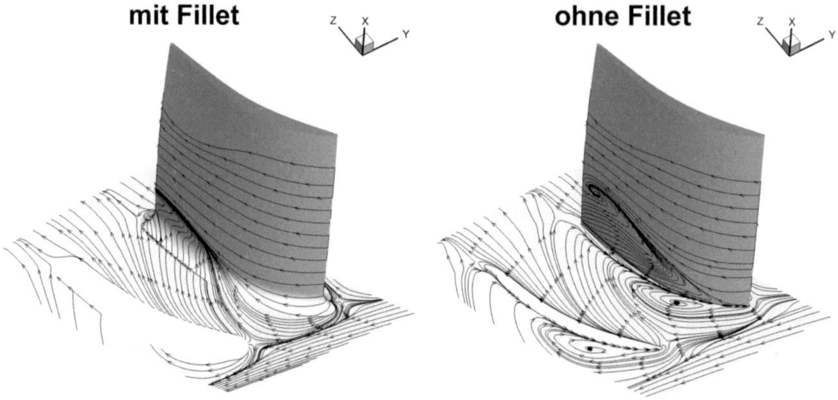

Abbildung A.9: Quasi-Wandstromlinien am dritten Stator mit und ohne Fillet an der Nabe für die CFD-Simulation des Auslegungspunktes $\xi = 1.00$

Totaldruckminima am Gehäuse durch die unterschiedlich starke Blockage in der inneren Kanalhälfte erklären. Bei der Passage ohne Fillets an der Nabe wirkt die auftretende saugseitige Eckenablösung als Blockage, woraufhin mehr energiereiches Fluid Richtung Gehäuse ausweicht. Dieses vermindert die saugseitige Ansammlung niedrigenergetischen Fluids.

Numerische Simulationen der vermessenen Konfigurationen bestätigen die positive Auswirkung eines Fillets an der Nabe auf die von Sekundärströmungen verursachten Verluste. Simuliert wurde jeweils der vierstufige Verdichter inklusive Vorleitgitter, einmal mit Fillet am dritten Stator und einmal ohne Fillet. Die Kavität wurde in beiden Fällen identisch zur Messung modelliert. In Abb. A.8 ist die dimensionslose Totaldruckverteilung in der inneren Kanalhälfte für die beiden Bauarten stromab des dritten Stators gegenüber gestellt. Analog zur Messung fällt das Totaldruckminimum an der Ecke von Saugseite und Nabe für die Variante mit Fillet deutlich geringer aus. Die Größe des Totaldruckminimums bzw. der Eckenablösung ist für beide Bauarten deutlich größer als in der Messung des Auslegungspunktes und ist eher mit der Messung nahe der Stabilitätsgrenze vergleichbar. Diese Überschätzung der Sekundärströmung wurde auch in Abschnitt 4.2.2 beobachtet. Die äußere Kanalhälfte ist nicht dargestellt, da es in der Simulation zu einer extremen Überschätzung der Sekundärströmungseffekte kommt. Die Tendenz zur Verringerung des Totaldruckdefizits am Gehäuse mit größerer Eckenablösung an der Nabe im Fall ohne Fillet ist jedoch auch in den Simulationen in abgeschwächter Form erkennbar.

Die Wiedergabe der grundlegenden Tendenz der Verminderung der Eckenablösung an der Nabe im Fall des Stators mit Fillet erlaubt es, die numerische Simulation zur weitergehenden Analyse zu verwenden. Im Folgenden soll anhand von Quasi-Wandstromlinien die Beeinflussung der Eckenablösung durch den Fillet untersucht werden. Abbildung A.9 zeigt vergleichend die von der Simulation prognostizierte Topologie der Ablösung durch Stromlinien in Wandnähe. Für den Fall ohne Fillet sind auf der Saugseite und der Nabe deutliche Rückströmungsgebiete zu erkennen, in welchen die Stromlinien in je einem Fokuspunkt münden. Beim Stator mit Fillet an der Nabe ist hingegen das Rückströmgebiet auf der Nabe nicht mehr vorhanden. Auch die radiale Erstreckung des von der Ablöselinie umschlossenen Gebietes auf der Saugseite ist stark reduziert. Für den Fall mit Fillet ist somit auch die Anzahl der singulären Punkte reduziert, was sich entsprechend Gbadebo *et al.* [21] in einer Verringerung der Blockage und Verluste bemerkbar macht. Diese von der CFD-Simulation prognostizierte Topologie konnte im Rahmen der zeitlich begrenzten Zusatzmessungen nicht mit Hilfe von Anstrichbildern validiert werden.

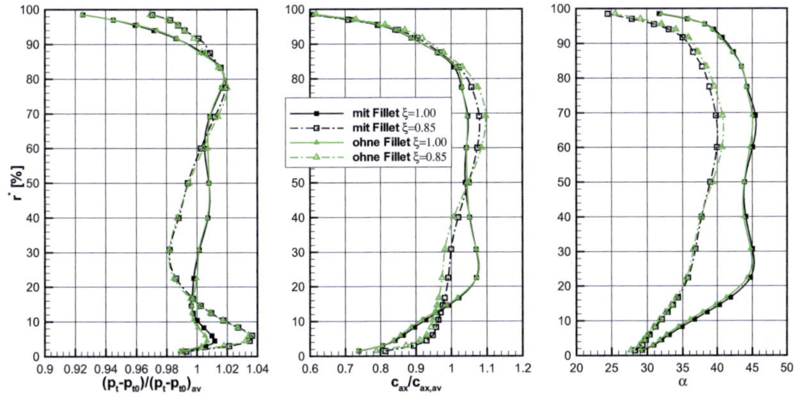

(a) Zuströmung

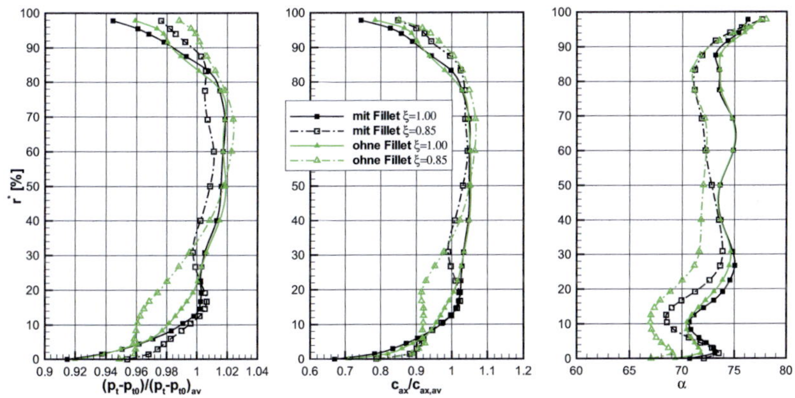

(b) Abströmung

Abbildung A.10: Normierter Totaldruck, normierte Axialgeschwindigkeit und absoluter Strömungswinkel am dritten Stator mit und ohne Fillet; teilungsgemittelt

Die aus den Messdaten ermittelten teilungsgemittelten Verläufe der Strömungsgrößen Totaldruck, Axialgeschwindigkeit und absolutem Strömungswinkel sind in Abb. A.10 für Zu- und Abströmung des dritten Stators dargestellt. Die Messungen in der Zuströmung zeigen im Rahmen der Messgenauigkeit keine signifikante Potentialwirkung des Fillets auf die mittlere Strömung. Es kann daher von gleichen Zuströmbedingungen zu beiden Statoren ausgegangen werden. Für die Abströmung des dritten Stators weisen sowohl die Axialgeschwindigkeit als auch der normierte Totaldruck für Statoren mit Fillet im inneren Kanaldrittel höhere Werte auf. Gilt dies im Auslegungspunkt vor allem für den Bereich von

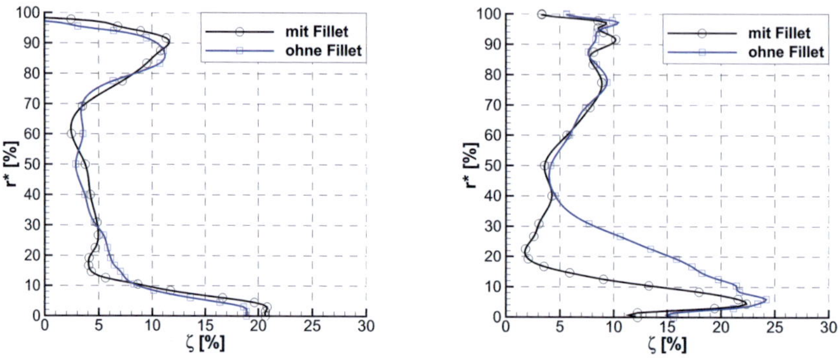

(a) Auslegungspunkt $\xi = 1.00$ (b) Nahe Abriss $\xi = 0.85$

Abbildung A.11: Radiale Verteilung des Totaldruckverlustes über dem dritten Stator mit und ohne Fillet

10-20% Kanalhöhe, so sind nahe der Stabilitätsgrenze die inneren 30% der Kanalhöhe verbessert. Die Verteilung der Axialgeschwindigkeit nahe der Stabilitätsgrenze zeigt deutlich, dass mehr Massenstrom durch die obere Kanalhälfte gefördert wird. Dies bestätigt die vorangegangene Erläuterung zur Verringerung des Totaldruckdefizits am Gehäuse. Der absolute Strömungswinkel am Austritt von Stator 3 zeigt im Auslegungspunkt nur eine geringe Verbesserung der Umlenkung für Statoren mit Fillet in den inneren 30% der Kanalhöhe. Im Betriebspunkt nahe Abriss $\xi = 0.85$ ist eine deutliche Verbesserung der Umlenkung für die inneren 60% des Kanals zu verzeichnen.

Die Verluste über dem dritten Stator sind im Auslegungspunkt für Statoren mit Fillet an der Nabe von 10-20% der Kanalhöhe verringert, siehe Abb. A.11 (a). Direkt an der Nabe kommt es hingegen zu einer minimalen Vergrößerung der Verluste. In der äußeren Kanalhälfte sind nur geringe Unterschiede ersichtlich, welche wie beschrieben auch Ursache unterschiedlicher Teilspalte sein können. Für den Betriebspunkt nahe der Stabilitätsgrenze (Abb.A.11 (b)) sind analog den Totaldruckverteilungen deutlich größere Änderungen zu erkennen. Der Fillet reduziert hier die Verluste von der Nabe bis 40% der Kanalhöhe deutlich. In der äußeren Kanalhälfte sind die Verluste annähernd identisch. Für die CFD-Simulationen kommt es infolge der Überschätzung der Sekundärströmungseffekte zu einer starken Übertreibung der Totaldruckverluste, weswegen auf eine Darstellung hier verzichtet wird. Wie auch aus Abb. A.8 zu erwarten ist, sind die Verluste an Statoren ohne Fillet in der Simulation größer als an Statoren mit Fillet. Der Bereich verringerter Verluste bei Verwendung des Fillets erstreckt sich in der vorgestellten Simulation bis 35% der Kanalhöhe und ist damit wiederum vergleichbar mit dem Betriebspunkt nahe der Stabilitätsgrenze des Verdichters in der Messung.

Insgesamt ist in den hier durchgeführten Messungen und Simulationen der Stator mit Fillet an der Nabe vorteilhaft. Die Blockage durch eine saugseitige Eckenablösung bzw. Sekundärströmung ist mit Fillet deutlich kleiner als ohne Fillet. Einflüsse auf die äußere Kanalhälfte ergeben sich insbesondere bei großer Blockage an der Nabe durch radiale Umverteilung von Massenstrom nach außen.

Literaturverzeichnis

[1] *Turbomaschinen - Wie große Energiemengen auf kleinstem Raum umgewandelt werden.* Bundesministerium für Wirtschaft und Technologie, 2006.

[2] Ashford, G. A. und K. G. Powell: *An unstructured grid generation and adaptative solution technique for high-Reynolds number compressible flow.* VKI Lecture Series 1996-06.

[3] Baldwin, B. S. und H. Lomax: *Thin Layer Approximation and Algebraic Model for separated turbulent flows.* AIAA Paper 78-0257, S. 1–4, 1978.

[4] Bitterlich, W. und W. Kümmel: *Untersuchung von Sekundärströmungen in axialen Verdichtergittern.* Zeitschrift für Flugwissenschaften, 20:52–59, 1972.

[5] Boos, P., H. Möckel, J. M. Henne und R. Selmeier: *Flow Measurement in a Multistage Large Scale Low Speed Axial Flow Research Compressor.* ASME Conference Proceedings, Paper No. 98-GT-432, 1998.

[6] Boussinesq, J.: *Theorie de l´ecoulement tourbillant.* Presentes par Divers Savants Acad. Sci. Inst. Fr., 23:46–50, 1877.

[7] Bowden, A. T. und J. L. Jefferson: *The Design and Operation of the Parsons Experimental Gas Turbine.* Proceedings of the Institution of Mechanical Engineers, 160:454–471, 1949.

[8] Breugelmans, F. A. H.: *Investigation of Dihedral Effects in Compressor Cascades.* In: *AGARD Conference Proceedings: Advanced Technology for Aero Gas Turbine*, Nr. AGARD-CP-421, S. 28–1 bis 28–14, 1987.

[9] Breugelmans, F. A. H., Y. Carels und M. Demuth: *Influence of Dihedral on the Secondary Flow in a Two-Dimensional Compressor Cascade.* Journal of Engineering for Gas Turbines and Power, 106(3):578–584, 1984.

[10] Bräunling, W. J. G.: *Flugzeugtriebwerke.* VDI Buch, 3. vollst. überarb. u. erw. Aufl., 2009. ISBN: 978-3-540-76368-0.

[11] Chen, T., P. Vasanthakumar und L. He: *Analysis of Unsteady Blade Row Interaction Using Nonlinear Harmonic Approach.* AIAA Journal of Propulsion and Power, 13(3):651–658, 2001.

[12] Cumpsty, N. A.: *Compressor Aerodynamics.* Reprint. Krieger Publishing Company, Malabar, Florida 32950, 2004.

[13] Cumpsty, N. A. und J. H. Horlock: *Averaging Nonuniform Flow for a Purpose.* Journal of Turbomachinery, 128(1):120–129, 2006.

[14] Demargne, A. A. J. und J. P. Longley: *The aerodynamic interaction of stator shroud leakage and mainstream flows in compressors.* ASME Conference Proceedings, Paper No. 2000-GT-570, 2000.

[15] DENTON, J. D. und W. N. DAWES: *Computational fluid dynamics for turbomachinery design*. Proceedings of the Institution of Mechanical Engineers, 213 Part C:107–124, 1999.

[16] DENTON, J. D. und L. XU: *The exploitation of three-dimensional flow in turbomachinery design*. Proceedings of the Institution of Mechanical Engineers, 213 Part C:125–137, 1999.

[17] DURBIN, P. A.: *Near-wall turbulence closure modeling without "damping functions"*. Theoretical and Computational Fluid Dynamics, 3:1–13, 1991. 10.1007/BF00271513.

[18] FREEMAN, C.: *Effect of Tip Clearance on Compressor Stability and Performance*. Van Karman Institute for Fluid Dynamics, Lecture Series 1985-05, 1985.

[19] GALLIMORE, S. J., J. J. BOLGER, N. A. CUMPSTY, M. J. TAYLOR, P. I. WRIGHT und J. M. M. PLACE: *The Use of Sweep and Dihedral in Multistage Axial Flow Compressor Blading—Part I: University Research and Methods Development*. Journal of Turbomachinery, 124(4):521–532, 2002.

[20] GALLIMORE, S. J., J. J. BOLGER, N. A. CUMPSTY, M. J. TAYLOR, P. I. WRIGHT und J. M. M. PLACE: *The Use of Sweep and Dihedral in Multistage Axial Flow Compressor Blading—Part II: Low and High-Speed Designs and Test Verification*. Journal of Turbomachinery, 124(4):533–541, 2002.

[21] GBADEBO, S. A., N. A. CUMPSTY und T. P. HYNES: *Three-Dimensional Separations in Axial Compressors*. Journal of Turbomachinery, 127(2):331–339, 2005.

[22] GBADEBO, S. A., N. A. CUMPSTY und T. P. HYNES: *Interaction of Tip Clearance Flow and Three-Dimensional Separations in Axial Compressors*. Journal of Turbomachinery, 129(4):679–685, 2007.

[23] GBADEBO, S. A., N. A. CUMPSTY und T. P. HYNES: *Control of Three-Dimensional Separations in Axial Compressors by Tailored Boundary Layer Suction*. Journal of Turbomachinery, 130(1):011004, 2008.

[24] GBADEBO, S. A., T. P. HYNES und N. A. CUMPSTY: *Influence of Surface Roughness on Three-Dimensional Separation in Axial Compressors*. Journal of Turbomachinery, 126(4):455–463, 2004.

[25] GEISSLER, K.: *Konzeption eines Hitzdrahtsystems für Messungen am Deckbandspalt*. Interdisziplinäre Projektarbeit, Technische Universität Dresden, Institut für Strömungsmechanik, 2009.

[26] GOMEZ, S. E.: *Auslegung und Bewertung Wirkungsgradoptimierter Statoren*. Abschlussbericht zum BMWi Vorhaben 0327716U (AG Turbo COORETEC Teilvorhaben 1.2.8). MTU Aero Engines GmbH, 2012.

[27] GRIEPENTROG, H.: *Secondary flow losses in axial compressors*. AGARD Lecture Series, LS-39:5 (1–15), 1969.

[28] GÜMMER, V.: *Pfeilung und V-Stellung zur Beeinflussung der dreidimensionalen Strömung in Leiträdern transsonischer Axialverdichter, Dissertation*. Fortschritt-Berichte VDI Reihe 7 Nr. 384. VDI Verlag, Düsseldorf, 2000. ISBN 3-18-338407-8.

[29] GÜMMER, V., U. WENGER und H.-P. KAU: *Using Sweep and Dihedral to Control Three-Dimensional Flow in Transonic Stators of Axial Compressors*. Journal of Turbomachinery, 123(1):40–48, 2001.

[30] HE, L. und W. NING: *Efficient Approach for Analysis of Unsteady Viscous Flows in Turbomachines*. AIAA Journal, 36(11):2005–2012, 1998.

[31] HEIDEGGER, N. J., E. J. HALL und R. A. DELANEY: *Stator Seal Cavity Flow Investigation*. Techn. Ber., NASA Contractor Report 198504, 1996.

[32] HEMBERA, M., F. DANNER, M. KAINZ und H.-P. KAU: *Comparing Frequency-Based Flow Solutions to Traditional Unsteady Fluid Dynamics Analysis in Turbomachinery*. In: WAGNER, S., M. STEINMETZ, A. BODE und M. M. MÜLLER (Hrsg.): *High Performance Computing in Science and Engineering, Garching/München 2009*, S. 161–174. Springer Berlin Heidelberg, 2010.

[33] HIEKE, M.: *Aufbau, Test und Kalibrierung der Druck- und Temperaturmesstechnik am Gitterwindkanal Cossebaude*. B1569, Großer Beleg, Technische Universität Dresden, Institut für Strömungsmechanik, 2000.

[34] HORLOCK, J. H.: *The Determination of End-Wall Blockage in Axial Compressors: A Comparison between various Approaches*. Journal of Turbomachinery, 122:218–224, 2000.

[35] HORLOCK, J. H. und B. LAKSHMINARAYANA: *Secondary Flows: Theory, Experiment and Application in Turbomachinery Aerodynamics*. Annual Review of Fluid Mechanics, 5(1):247–280, 1973.

[36] HOWELL, A. R.: *Fluid Dynamics of Axial Compressors*. Proceedings of the Institution of Mechanical Engineers, 153:441–452, 1945.

[37] INOUE, M. und M. KUROUMARU: *Structure of Tip Clearance Flow in an Isolated Axial Compressor Rotor*. Journal of Turbomachinery, 111(3):250–256, 1989.

[38] INOUE, M., M. KUROUMARU und M. FUKUHARA: *Behavior of Tip Leakage Flow Behind an Axial Compressor Rotor*. Journal of Engineering for Gas Turbines and Power, 108(1):7–14, 1986.

[39] JEFFERSON, J. und R. TURNER: *Some Shrouding and Tip Clearance Effects in Axial Flow Compressors*. International Ship Building Progress, Vol 5:78–101, 1958.

[40] JOSLYN, H. D. und R. P. DRING: *Axial Compressor Stator Aerodynamics*. Journal of Engineering for Gas Turbines and Power, 107(2):485–492, 1985.

[41] KHALID, S. A., A. S. KHALSA, I. A. WAITZ, C. S. TAN, E. M. GREITZER, N. A. CUMPSTY, J. J. ADAMCZYK und F. E. MARBLE: *Endwall Blockage in Axial Compressors*. Journal of Turbomachinery, 121(3):499–509, 1999.

[42] KOCH, C. C. und L. H. SMITH (JR.): *Loss Sources and Magnitudes in Axial-Flow Compressors*. Journal of Engineering for Power, 98:411–424, 1976.

[43] KÜNZELMANN, M., R. MÜLLER, R. MAILACH und K. VOGELER: *Steady and Unsteady Flow Field in a Multistage Low-Speed Axial Compressor*. ASME Conference Proceedings, Paper No. GT2008-50793, 2008.

[44] Lakshminarayana, B.: *Fluid Dynamics and Heat Transfer of Turbomachinery*. John Wiley and Sons, Inc., 111 River Street, New York 07030, 1996.

[45] Lakshminarayana, B., M. Zaccaria und B. Marathe: *The Structure of Tip Clearance Flow in Axial Flow Compressors*. Journal of Turbomachinery, 117(3):336–347, 1995.

[46] Lange, M.: *Untersuchung und Beeinflussung von Wandgrenzschichten in einem Niedergeschwindigkeitsverdichter*. Diplomarbeit D1661, Technische Universität Dresden, Institut für Strömungsmechanik, 2008.

[47] Lange, M., R. Mailach, R. Müller und K. Vogeler: *Development of velocity profiles through a 4-stage low-speed compressor*. In: Heitmeir, F., F. Martelli und M. Manna (Hrsg.): *Conference Proceedings of the 8th European Conference on Turbomachinery*, S. 425–434. Verlag der Technischen Universität Graz, March 23-27 2009.

[48] Lange, M., K. Vogeler und R. Mailach: *Tip and Hub Clearance Vortex Development Due to Rotor-Stator-Interactions in Axial Compressors*. Proceedings of the ISUAAAT, Paper No. ISUAAAT13-S4-5, 2012.

[49] Langston, L. S.: *Secondary Flows in Axial Turbines - A Review*. Annals Of The New York Academy Of Sciences, Heat Transfer In Gas Turbine Systems, 934:11–26, 2006.

[50] Lehmann, I.: *Strömungsuntersuchungen in stehenden und rotierenden Schaufelkanälen mittels Laser-Doppler-Anemometrie*. Fortschritt-Berichte VDI Reihe 7 Nr. 444. VDI Verlag, Düsseldorf, 2003. ISBN 3-18-344407-0.

[51] Lei, V.-M., Z. S. Spakovszky und E. M. Greitzer: *A Criterion for Axial Compressor Hub-Corner Stall*. Journal of Turbomachinery, 130(3):031006, 2008.

[52] LeJambre, C. R., R. M. Zacharias, B. P. Biederman, A. J. Gleixner und C. J. Yetka: *1995 ASME Gas Turbine Award Paper: Development and Application of a Multistage Navier–Stokes Flow Solver: Part II—Application to a High-Pressure Compressor Design*. Journal of Turbomachinery, 120(2):215–223, 1998.

[53] Lieblein, S. und I. A. Johnsen: *Resumé of transonic compressor research at NACA Lewis Laboratory*. Journal of Engineering for Power, 83(3):219–234, 1961.

[54] Lyes, P. A. und R. B. Ginder: *Low-Speed Compressor Tests of Swept and Bowed Blade Designs*. ISABE Paper No. 99-7048, 1999.

[55] Mailach, R.: *Experimentelle Untersuchung von Strömungsinstabilitäten im Betriebsbereich zwischen Auslegungspunkt und Stabilitätsgrenze eines vierstufigen Niedergeschwindigkeits-Axialverdichters*. Fortschritt-Berichte VDI Reihe 7 Nr. 410. VDI Verlag, Düsseldorf, 2001. ISBN 3-18-341007-9.

[56] Menter, F.: *Two-equation eddy viscosity turbulence models for engineering applications*. AIAA Journal, 32:1299–1310, 1994.

[57] Müller, R., E. Wolf und H. Kluttig: *Ergebnisse der Strömungsmessungen im Niedergeschwindigkeitsverdichter Dresden (Aufbau 4)*. Techn. Ber. FSS 99-2, Technische Universität Dresden, Institut für Strömungsmechanik, 1999.

[58] Müller, L., R. Müller und K. Vogeler: *Wirkungsgradgesteigerte CDA-Beschaufelung*. Abschlussbericht zum BMWi Vorhaben 0327061 B (AG Turbo II Teilprojekt 1.2.4). Technische Universität Dresden, Institut für Strömungsmechanik, 2003.

[59] Nitsche, W. und A. Brunn: *Strömungsmesstechnik*. VDI-Buch, 2. aktualisierte u. bearb. Aufl., 2006. ISBN: 978-3-540-20990-4.

[60] Numeca International, 5, Avenue Franklin Roosevelt, 1050 Brussels, Belgium: *Theoretical Manual, FINE*^{TM}*/Turbo v8.7, Flow Integrated Environment*, May 2010.

[61] Numeca International, 5, Avenue Franklin Roosevelt, 1050 Brussels, Belgium: *User Manual, FINE*^{TM}*/Turbo v8.7, Flow Integrated Environment*, May 2010.

[62] Peacock, R. E.: *A review of turbomachinery tip gap effects : Part 1: Cascades*. International Journal of Heat and Fluid Flow, 3(4):185 – 193, 1982.

[63] Peacock, R. E.: *A review of turbomachinery tip gap effects: Part 2: Rotating machinery*. International Journal of Heat and Fluid Flow, 4(1):3 – 16, 1983.

[64] Prandtl, L.: *Über Flüssigkeitsbewegung bei sehr kleiner Reibung*. In: *Verhandlungen des III. Internationalen Mathematiker-Kongresses, Heidelberg 1904*, S. 484–491, Leipzig, 1905. Teubner Verlag.

[65] Rains, D. A.: *Tip clearance flows in axial compressors and pumps*. Dissertation, California Institute of Technology, 1954.

[66] Reynolds, O.: *On the dynamical theory of incompressible viscous fluids and the determination of the criterion*. Philosophical Transactions of the Royal Society, 186-I:123–164, 1895.

[67] Sasaki, T. und F. Breugelmans: *Comparison of Sweep and Dihedral Effects on Compressor Cascade Performance*. Journal of Turbomachinery, 120(3):454–463, 1998.

[68] Sauer, H. und H. Bernhard: *Bestimmung der mechanischen Verlustleistung des Niedergeschwindigkeitsverdichters*. Techn. Ber. FSV-96-2, Technische Universität Dresden, Institut für Energietechnik, Dresden, 1997.

[69] Sauer, H., W. Bernstein, H. Bernhard, P. Boos und H. Möckel: *Konstruktion, Fertigung und Aufbau eines Verdichterprüfstandes und Aufnahme des Versuchsbetriebes an einem Niedergeschwindigkeits-Axialverdichter in Dresden*, Bd. Abschlußbericht zum BMBF-Vorhaben 0326758 A. Technische Universität Dresden, Institut für Energietechnik, Dresden, 1996.

[70] Schäfer, C.: *Strömungssimulation von Statoren mit Deckband*. Großer Beleg, Technische Universität Dresden, Institut für Strömungsmechanik, B1735, 2010.

[71] Schulz, H. D., H. E. Gallus und B. Lakshminarayana: *Three-Dimensional Separated Flow Field in the Endwall Region of an Annular Compressor Cascade in the Presence of Rotor-Stator Interaction: Part 1—Quasi-Steady Flow Field and Comparison With Steady-State Data*. Journal of Turbomachinery, 112(4):669–678, 1990.

[72] Schulz, H. D., H. E. Gallus und B. Lakshminarayana: *Three-Dimensional Separated Flow Field in the Endwall Region of an Annular Compressor Cascade in the Presence of Rotor-Stator*

Interaction: Part 2—Unsteady Flow and Pressure Field. Journal of Turbomachinery, 112(4):679–688, 1990.

[73] SIEVERDING, C. H.: *Recent Progress in the Understanding of Basic Aspects of Secondary Flows in Turbine Blade Passages*. Journal of Engineering for Gas Turbines and Power, 107(2):248–257, 1985.

[74] SMITH (JR.), L. H. und H. YEH: *Sweep and Dihedral Effects in Axial-Flow Turbomachinery*. Journal of Basic Engineering, 85:401–416, 1963.

[75] SMITH (JR.), L. H.: *Casing Boundary Layers in Multistage Axial-Flow Compressors*. In: DZUNG, L. (Hrsg.): *Flow Research on Blading*. Elsevier Publishing Company, 1970.

[76] SOHN, D. W., T. KIM und S. J. SONG: *Influence of the Leakage Flow Tangential Velocity on the Loss Generation and Leakage Flow Kinematics in Shrouded Axial Compressor Cascades*. ASME Conference Proceedings, Paper No. GT2006-90979, 2006.

[77] SPALART, P. R. und S. R. ALLMARAS: *A one-equation turbulence model for aerodynamic flows*. La Recherche Aerospatiale, 1(1):5–21, 1994.

[78] STORER, J. A. und N. A. CUMPSTY: *Tip Leakage Flow in Axial Compressors*. Journal of Turbomachinery, 113(2):252–259, 1991.

[79] STORER, J. A. und N. A. CUMPSTY: *An Approximate Analysis and Prediction Method for Tip Clearance Loss in Axial Compressors*. Journal of Turbomachinery, 116(4):648–656, 1994.

[80] SWOBODA, M., P. C. IVEY, U. WENGER und V. GÜMMER: *An Experimental Examination of Cantilevered and Shrouded Stators in a Multistage Axial Compressor*. ASME Conference Proceedings, Paper No. 98-GT-282, 1998.

[81] TANG, G., R. L. SIMPSON und Q. TIAN: *Experimental Study of Tip-Gap Turbulent Flow Structure*. ASME Conference Proceedings, Paper No. GT2006-90359, 2006.

[82] TOBAK, M. und D. J. PEAKE: *Topology of Three-Dimensional Separated Flows*. Annual Review of Fluid Mechanics, 14(1):61–85, 1982.

[83] TSCHIRNER, T., E. JOHANN, R. MÜLLER und K. VOGELER: *Effects of 3D Aerofoil Tip Clearance Variation on a 4-Stage Low Speed Compressor*. ASME Conference Proceedings, Paper No. GT2006-90902, 2006.

[84] WEINGOLD, H. D., R. J. NEUBERT, R. F. BEHLKE und G. E. POTTER: *Bowed Stators: An Example of CFD Applied to Improve Multistage Compressor Efficiency*. Journal of Turbomachinery, 119(2):161–168, 1997.

[85] WELLBORN, S. R. und T. H. OKIISHI: *Effects of Shrouded Stator Cavity Flows on Multistage Axial Compressor Aerodynamic Performance*. Techn. Ber., NASA Report No. 198536, 1996.

[86] WELLBORN, S. R. und T. H. OKIISHI: *The Influence of Shrouded Stator Cavity Flows on Multistage Compressor Performance*. Journal of Turbomachinery, 121(3):486–497, 1999.

[87] WILLIAMS, R. J.: *Large Tip Clearance Flows in High Pressure Stages of Axial Compressors*. Dissertation, University of Durham, 2009.

[88] WISLER, D. C.: *Loss Reduction in Axial-Flow Compressors Through Low-Speed Model Testing*. Journal of Engineering for Gas Turbines and Power, 107(2):354–363, 1985.

[89] WOLF, E.: *Benutzerhandbuch zur Kennfeldauswertung am NGV - CpChar Version 8.20*. Technische Universität Dresden, Institut für Strömungsmechanik, 2011.

[90] YANG, Z. und T. SHIH: *A k-e model for turbulence and transitional boundary layer*. In: SO, R. M. C., C. G. SPEZIALE und B. E. LAUNDER (Hrsg.): *Near-Wall Turbulent Flows*, S. 165–175. Elsevier-Science Publishers B. V., 1993.

[91] ZANTE, D. E. V., A. J. STRAZISAR, J. R. WOOD, M. D. HATHAWAY und T. H. OKIISHI: *Recommendations for Achieving Accurate Numerical Simulation of Tip Clearance Flows in Transonic Compressor Rotors*. Journal of Turbomachinery, 122(4):733–742, 2000.

[92] ZSCHIPPANG, A.: *Einblasung am NGV Dresden*. Großer Beleg, Technische Universität Dresden, Institut für Strömungsmechanik, B1665, 2008.